纺织服装高等教育"十二五"部委级规划教材

服装结构设计与缝制工艺基础

BASIC FASHION PATTERN-MAKING AND SEWING TECHNOLOGY

严建云　郭东梅　编著

东华大学出版社

图书在版编目（CIP）数据

服装结构设计与缝制工艺基础/严建云,郭东梅编著. —上海：
东华大学出版社，2012.7
ISBN 978-7-5669-0105-7

Ⅰ.①服…　Ⅱ.①严…②郭…　Ⅲ.①服装结构—结构设
计—高等学校—教材　②服装缝制—高等学校—教材　Ⅳ.①
TS941.2 ②TS941.63

中国版本图书馆CIP数据核字（2012）第162006号

服装结构设计与缝制工艺基础
Fuzhuang Jiegou Sheji yu Fengzhi Gongyi Jichu

严建云　郭东梅　编著
东华大学出版社出版
上海市延安西路1882号
邮政编码：200051　电话：（021）62193056
新华书店上海发行所发行
苏州望电印刷有限公司印刷
开本：889×1194　1/16　印张：9.25　字数：326千字
2012年8月第1版　2012年8月第1次印刷
印数：0 001～3 000
ISBN 978-7-5669-0105-7/TS·341
定价：25.00元

前　言

　　服装结构设计作为服装专业的核心课程之一,贯穿服装专业教学的始终,是实现设计的手段和缝制工艺的基础,也是产品由设计到生产的关键环节,在服装生产中起着承上启下的作用。服装工艺是服装成品最终实现的必要手段,影响着服装的品质。这两块内容都是技术性很强的工作,联系非常密切。

　　本教材的每一章都把服装结构与相应的服装工艺内容相结合编写,知识结构系统、全面、新颖,理论和实践紧密结合,思路清晰,实现了服装结构与工艺教学的很好衔接,有较高的学习、参考和使用价值。本教材是编者根据多年教学经验,以长期的实践为基础,从服装专业生产和教学的需要出发,参阅大量的资料编写而成的。本教材中所配插图均采用线描图形与照片相结合,清晰明了、易懂。通过对本教材的学习,读者能够较快地掌握服装结构设计技术及缝制工艺方法与程序。

　　作为系列教材之一的《服装结构设计与缝制工艺基础》,是本系列教材的基础。本书较全面地介绍了服装结构设计和服装工艺设计的相关基础知识。本书共八章,内容包括服装结构制图的基础知识、人体体形特征与测量、服装结构构成方法、女装原型结构、女装衣身原型省道设计、领袖结构设计、服装基础缝制工艺等,总体上突出了理论知识的应用和实践能力的培养,有很强的实用性。

　　本书由广西工学院严建云负责编写绪论、第一、三、四、五、六、七、八章以及全书的统稿、审稿;郭东梅编写本书第二章和第六章的第一节;基础缝纫工艺的实物缝制演示由何晓芳完成;朱林群绘制了图书的部分配图;于野负责本书内容的资料收集。

　　本书既可作为大专院校服装专业的教材,也可作为服装爱好者的参考用书。由于编者水平有限,难免存在疏漏、不足之处,望广大读者批评指正,并欢迎读者在使用的过程中提出宝贵意见。

编　者

2012年4月

目　录

绪　论

本章主要介绍服装结构与工艺设计的性质、主要任务及发展史。

一、性质与作用

现代服装工程是由款式设计、结构设计与工艺设计三部分组成。同属技术设计范畴的结构设计和工艺设计是实现服装款式最终造型的重要组成,是现代高等院校服装专业的重要专业理论课。款式设计、结构设计与工艺设计三者是相互作用的,服装结构设计是款式设计的延伸和发展,揭示了服装细部的形状、数量、吻合关系;服装工艺设计是服装成品最终实现的必要手段,影响着服装的品质。服装结构设计和工艺设计的最终目的是使服装造型的结构组织合理化。将服装结构与服装工艺进行结合,既有利于服装结构设计与服装工艺设计教学的衔接,也有利于服装结构课程的实践教学。

服装结构与工艺课程的知识结构涉及人体解剖学、人体测量学,服装造型设计学、服装生产工艺学、美学等,是艺术与技术相融合、理论与实际相结合的注重实践的课程。

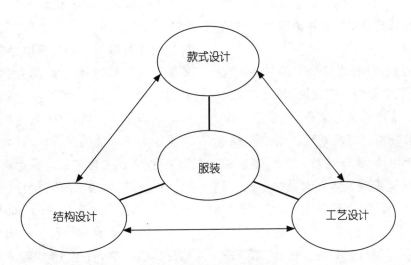

图1　现代服装工程的三部分组成关系图

二、课程任务

服装结构与工艺课程的教学旨在使学生能系统的掌握服装结构的内涵,包括整体与部件结构的解析方法、相关结构线的吻合、平面与立体构成的各种设计方法等基本方法,通过结构设计的理论教学训练和工艺制作的动手实践学习,培养具有纸样结构设计能力和工艺生产能力的人才。

三、服装结构的发展

服装结构设计和其他自然科学一样,是在人类认识自然、改造自然的过程中产生和发展起来的。大约在距今40万年前的旧石器时代,人类就开始穿用毛皮的衣物了。在漫长而艰辛的游牧生活中,早期人类靠狩猎为生,生活的经验教会了他们用兽皮简单地披挂于身上防寒护体。距今约5~10万年前,人类已会牙咬来软化兽皮,用动物的筋腱缝合毛皮。距今约1万年前的新石器时代,人类发现了麻、毛等天然纤维,并利用这些纤维材料纺织成布料,由于布料比兽皮更具柔软、轻便、舒适等特性,逐步取代了兽皮而成为制作服装的主要材料。

布料出现之前，人类使用兽皮作为制作服装的材料，兽皮的尺寸及形状由于受材料的限制，几乎是原样披挂于身上，布料产生的初期，人们也只会将整块布料披挂裹缠于身上作为服装。到古希腊、古罗马时期，其穿着方式已很丰富，古希腊人通过布料在人体上的披挂、裹缠、抽褶、束结等方式，形成丰富多样的外观造型。

古罗马时期，人们已不仅限于将整块长方形的布料批裹于人体上，还进一步将布料裁剪成圆形或六边形的"toga"进行穿着。这是最初出现通过裁剪进行造型的服装，以后又出现了缝制的服装和裤子，以便于商人或士兵的旅行和防寒护体。随着纺织、裁剪和缝纫技术的发展，人们进行服装造型的方法也日益丰富和完善。如将布料织成圆形披挂于人体上形成特殊的悬垂效果，或将布料中心剪个洞套于身上或通过裁剪形成带袖的服装等。这些裁剪缝纫手艺逐渐成为一种工艺性很强的行业技术。

到了欧洲中世纪早期，服装趋于保守、古板，服装的款式造型单调，制作工艺发展缓慢。14世纪下半叶，伴随着欧洲的文艺复兴，服装业一改过去的面貌，追求豪华、精致、繁琐的装饰风格。从此以后，具有变化快，流行性特点的时装也应运而生。法国巴黎逐渐成为欧洲时装中心，法国宫廷服装追求做工精细、裁剪合体，这种要求促进了服装裁剪、制作工艺的提高。17世纪以后，出现了专为宫廷制作高级时装的设计师，服装裁剪不再单靠经验进行结构制图，还将数学知识、人体的尺寸应用于结构设计中，使服装裁剪更加精确、合体。在服装结构设计中，这些设计师根据经验及人体的主要尺寸制作粗略的结构图，在此基础上，根据穿着者的体形及尺寸进行修改调整，裁剪缝制服装，直到最佳的造型效果为止。再以此服装为准拷贝成服装纸样（结构图），以便今后使用。服装纸样逐渐成为服装剪裁的

依据。这种剪裁方法逐渐完善发展成为服装结构设计方法之一——平面裁剪法。1871年英国伦敦出版的《绅士服装的数学比例和结构模型指南》更是将服装结构平面裁剪法纳入近代科学技术的轨道。另一方面一些专为贵族阶层设计制作高级时装的"Couturier"如现代时装之父——Charles Frederick Worth依然延用传统方法，将布料在人体或人台进行造型设计，再制作成服装纸样。这种结构设计方法发展为后来的立体裁剪法（classic fernch draping or moulage）。

18至19世纪欧洲的产业革命爆发，发明了纺织机、缝纫机等，为服装的工业化批量生产创造了必要的条件。为适应服装批量生产的需要，为提高生产率，追求高额利润，服装的标准尺寸逐步被服装厂商所接受，并应用于服装生产中，使服装能满足大众的穿着需求。同时服装纸样设计业愈加显示出在服装生产中的重要性。服装纸样的优劣直接关系到批量服装的质量，因此优秀的服装企业都拥有一套完善的服装纸样体系，纸样设计部门也成为现代制衣企业的重要技术部门。随着制衣业的发展，各个国家都根据本国的情况制定了人体的尺码标准，为成衣规格制定提供了可靠依据，也使纸样设计更加科学、精确、标准。近年来，服装CAD更为服装的纸样设计、排料、裁剪等提供了更为现代化的技术手段。

我国传统的结构设计基本上是按照平面结构形式进行的，直至19世纪末才引入了西方的服装制作技术。20世纪70年代末，随着服装作为一门专业被纳入我国高等教育的范围，国外先进、科学的服装结构设计技术如原型裁剪法逐渐被引入并推广。进入20世纪80年代以后，随着计算机技术的发展，服装工业技术也随之得到迅猛的发展，各种先进设备的辅助使用，使得服装结构设计更加合理，更加科学。

第一章　服装结构制图基础知识

第一节　基本概念

1. 服装结构

指将款式造型设计的构思及形象思维形成的立体造型的服装转化为多片组合的平面结构。是研究服装结构的内涵及各部件的相互组合关系，研究服装与人体之间的对应关系。服装结构由服装造型和功能所决定。它可根据设计方式不同，分为平面构成和立体构成两大类。

2. 平面构成

亦称为"平面裁剪"。指运用一定的计算方法，分析平面设计图所表现的服装造型结构组成的数量、廓形的吻合关系，通过某些直观的试验方法，将服装整体结构分解成基本部件的平面设计过程。现在使用的平面构成法主要有比例法和原型法两种。

3. 立体构成

亦称为"立体裁剪"。指直接在人体模型或者人体上铺放面料，通过拉展、剪切、折叠等方式进行款式造型设计的过程。它的直观性决定了它是最严谨的服装造型方法。它起源于 13 世纪的欧洲，并一直沿用至今。

4. 基础线

是结构制图过程中使用的纵向和横向的基础线条。横向基础线有衣长线、胸围线、袖窿深线、横裆线、髌骨线等；纵向基础线有搭门线、侧缝线、撇门线、裤挺缝线等等。

5. 轮廓线

指构成成型服装或者服装部件外部造型的最终线条。包括领窝弧线、袖窿弧线、袖山弧线、门襟止口线、裆弯线、省道线等等。

第二节　服装结构制图工具与图线符号

一、服装结构制图工具

服装结构制图过程中，虽然对制图工具没有严格的要求，但是对于一些常用的工具，初学者应该要了解并能熟练的掌握，这是作为一名合格制图者的基础条件之一。而且服装工业生产中，制板的专门工具是实现严格按照工艺规格和品质标准进行生产的重要保证。下面介绍的是适用于个人的常用工具。

表1-1　常用结构制图工具

序 号	名 称	说 明
1	直 尺	用于绘制直线及测量直线段距离，常用的直尺有20cm、50cm、100cm等长度。
2	比例尺	绘图时用来度量长度的工具，其刻度按长度单位缩小或放大若干倍，主要用在纸样设计的缩图绘制上面。
3	曲线尺	用于绘制曲线、弧线，使制图弧线条光滑。
4	卷 尺	以公制为计量单位的尺子，一般带有厘米读数，主要用于量体和测量纸样弧长。
5	量角器	用于测量、绘制不同的角度线。
6	样板用纸	要求具有一定的强度和厚度，我国现在常用的是卡片纸和牛皮纸。

序 号	名 称	说 明
7	铅 笔	要求使用专用的绘图铅笔，常用的号型有2H、H、HB、B及2B等。
8	划 粉	主要用于把纸样复制到面料上。
9	剪 刀	用于剪切纸样或者衣料，有9英寸、10英寸、12英寸等规格。剪纸的剪刀与剪布的剪刀要分开使用。
10	圆 规	画圆用的绘图工具。
11	大头针	固定衣片用。常用于服装立体裁剪和纸样修正。
12	描线器	主要用于复制纸样。
13	双面复写纸	主要用于与描线器配合复制纸样。
14	人 台	有半身和全身的。主要用于造型设计、试样补正、纸样修整等。
15	工作台	通常是制板和裁布时使用的，要求台面平整，大小以长120～140cm，宽80～90cm，高80～85cm为宜。

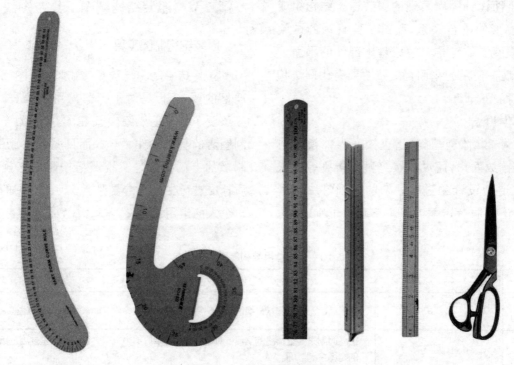

图1-1 部分制图工具

二、服装结构制图符号

在服装结构制图中，若只用文字说明结构图缺乏准确性和规范性，也不符合简化和快速的要求，且由于理解的差异还容易造成误解，故服装行业也规定了一些通用的制图符号。服装结构制图不像机械制图那样要求百分百的精准，但是一样有标准和规范的要求。下面介绍我国国家标准中常用的服装结构制图符号以及英美国家的常用结构制图符号。

表1-2 中国国家标准服装制图符号

序 号	名 称	图 形	图线用途说明
1	粗实线		服装与零部件轮廓线或者部位轮廓线
2	细实线		图样结构的基本线、尺寸线或引出线
3	虚 线		背面轮廓影示线和缝纫明线
4	点画线		衣片对称折叠线
5	双点画线		某部分需折转的线（如翻驳领的翻折线）
6	等分线		表示某部位平均等分
7	省 缝		表示省缝部位
8	缩 缝		用于布料缝合时收缩处理
9	垂 直		表示相交的两条线条成直角关系
10	标注线		表示某部位尺寸
11	顺序符号	① ② ③	用以表示操作的先后顺序
12	归拢符号		用以表示服装熨烫的归缩部位
13	拉 链		用以表示拉链
14	花 边		表示衣片的装花边位置
15	特殊放缝	△ 2	符号上的数字表示所需缝口的尺寸
16	斜 料		表示箭头符号对应处用斜纱
17	阴 裥		裥底在下的折裥
18	阳 裥		裥底在上的折裥

序 号	名 称	图 形	图 线 用 途 说 明
19	等量号	▲ □ ○ ‥‥‥	相同符号表示等长的两条线段
20	拔开符号	⋀⋀	相同符号表示等长的两条线段
21	经向符号	←————	表示面料的直丝缕方向
22	重叠符号	⋈	表示两裁片相交叉重叠的部分
23	毛向符号	————→	表示绒毛或图案织物的顺向（比如灯芯绒面料）
24	锁眼符号	⊖	表示锁扣眼的位置
25	钮扣符号	⊕	表示钉钮扣的位置
26	连接（拼接）符号		表示某两部分对应相连，裁片时作为一个整体
27	熨斗推移方向符号	←- - - -	虚线与箭头表示熨斗前进运行的方向

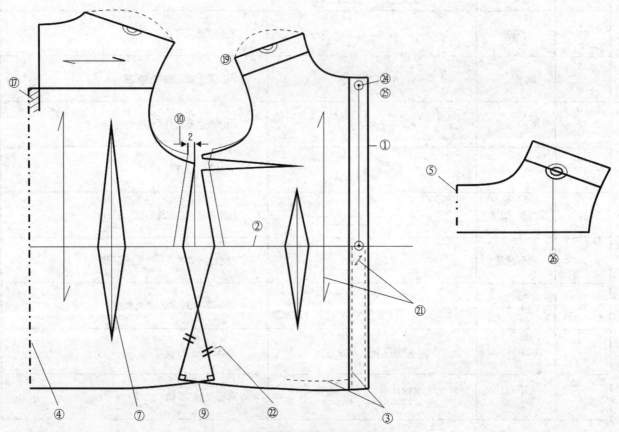

图1-2　中国服装结构部分制图符号示意

表1-3 英、美国家常用服装符号

序 号	名 称	图 形	图线用途说明
1	（轮廓）线		服装与零部件轮廓线或者部位轮廓线
2	多个规格的裁剪（轮廓）线		不同规格的服装与零部件轮廓线、部位轮廓线
3	布纹符号		原料的直丝缕方向，平行于布边放置
4	对折符号		对称折叠的线
5	调整线符号		拉长或缩短纸样的位置线
6	线迹符号		缝纫线迹符号（主要是明线）
7	缝份符号		表示缝份多少的符号
8	前中或后中线符号		表示前中线或者后中线
9	折边与缝份符号		表示折边止线与缝份边缘线
10	扣眼符号		表示扣眼总长的符号
11	扣和扣眼符号		同时表示扣眼总长位置好钉扣位置的符号
12	扣位符号		钉扣位置符号
13	按扣符号		钉按扣位置的符号
14	省道符号		表示省的大小与长度的符号，当省道对折时用点或者小圆圈表示
15	单向折裥符号		表示单向折裥
16	双向折裥符号		表示双向折裥
17	粗实线		表示BP点位置
18	粗实线		腰围线或者臀围线符号

序号	名　称	图　形	图线用途说明
19	等量符号	▲ □ ○	相同符号表示等长的两线段
20	单剪口符号	◇ ◆ ▲ △	通常前袖隆用单剪口
21	双剪口符号	⬡ ⬡	通常后袖隆用双剪口
22	三剪口符号	⬡ ⬡	表示缝制时两边线的剪口位置与数量都相同
23	拉链符号	◄━▭◻ ▽▽△▽	表示拉链缝制的位置与长度

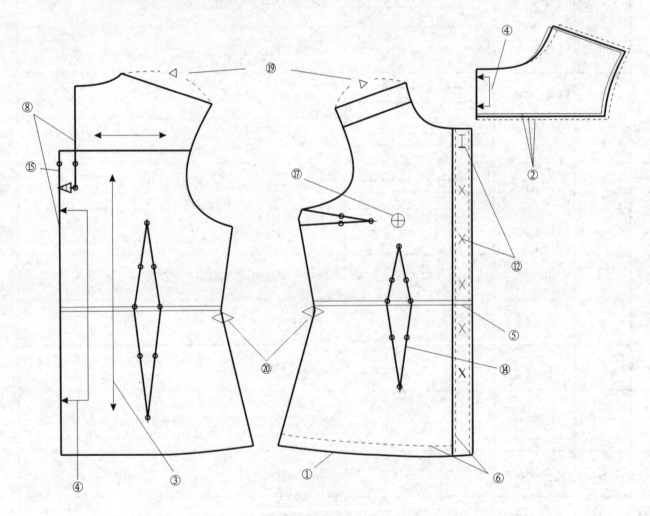

图1-3　英、美国家常用服装结构部分制图符号示意

三、服装结构制图部位代号

服装结构制图过程中，为了说明和标注的方便，会使用英文字母代替部位的中文名称进行标注说明，例如胸围用英文字母 B 代替。本书介绍了制图过程中常用的一些主要部位代号，这些代号是服装行业通用的部位代号（表1-4）。

表 1 − 4　服装结构制图主要部位代号

序号	中文名称	英文名称	代号	序号	中文名称	英文名称	代号
1	胸　围	Bust Girth	B	17	前颈点	Front Neck Point	FNP
2	腰　围	Waist Girth	W	18	后颈点	Back Neck Point	BNP
3	臀　围	Hip Girth	H	19	肩端点	Shoulder Point	SP
4	头　围	Head Size	HS	20	背　长	Length Waist	LW
5	领　围	Neck Girth	N	21	前中线	Front Center Line	FCL
6	腹　围	Middle Hip	MH	22	后中线	Back Center Line	BCL
7	下胸围	Under Bust	UB	23	前腰节长	Front Waist Length	FWL
8	胸围线	Bust Line	BL	24	后腰节长	Back Waist Length	BWL
9	腰围线	Waist Line	WL	25	袖　隆	Arm Hole	AH
10	臀围线	Hip Line	HL	26	袖　山	Arm Top	AT
11	领围线	Neck Line	NL	27	袖隆深	Arm Hole Line	AHL
12	腹围线	Middle Hip Line	MHL	28	袖　口	Cuff Width	CW
13	肘位线	Elbow Line	EL	29	袖　长	Sleeve Length	SL
14	膝位线	Knee Line	KL	30	肩　宽	Shoulder Width	S
15	胸　点	Bust Point	BP	31	裤　长	Trousers Length	TL
16	颈侧点	Side Neck Point	SNP	32	脚　口	Slacks Bottom	SB

四、服装结构制图名称

服装纸样的各局部名称主要是依据它所对应

的人体部位命名的。

1. 常见的衣身结构线名称

如图 1−4 所示,竖向有前中线、后中心线、胸

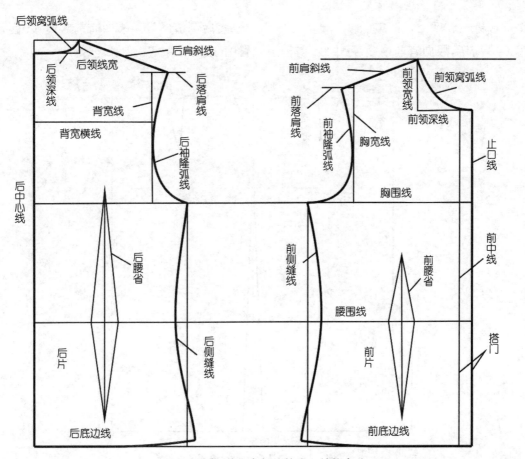

图1−4　上装衣身部位的常见结构名称

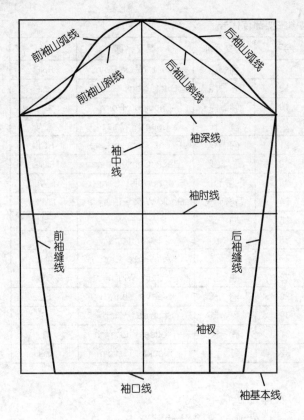

宽线、背宽线、前侧缝线、后侧缝线、前袖窿弧线、后袖窿弧线等。横向有胸围线、腰围线、前肩斜线、后肩斜线、前底边线、后底边线等。

2. 袖子、领子结构线名称

竖向有袖中线、前袖缝线、后袖缝线、袖衩、领中线等。横向有袖深线、袖肘线、前袖山斜线、后袖山斜线、领底线、领外口弧线等（图1-5）。

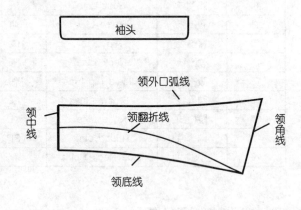

图1-5 上装领、袖部位的常见结构名称

3. 裙子结构线名称

如图1-6所示，竖向有前中线、后中线、前侧缝线、后侧缝线等。横向有前腰缝线、后腰缝线、臀围线、下摆线等。

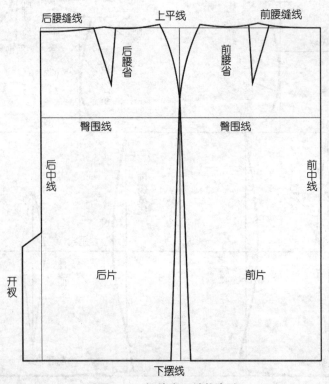

图1-6 裙片常见结构名称

4. 裤子结构线名称

如图 1-7,竖向有前侧缝线、后侧缝线、前下裆线、后下裆线、前烫迹线、后烫迹线等。横向有前腰缝线、后腰缝线、横裆线、落裆线、脚口线等。

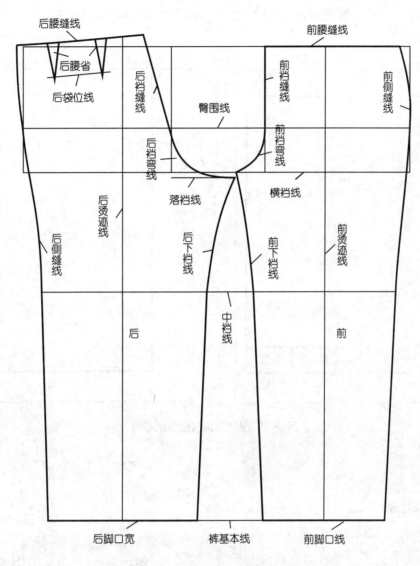

图1-7 裤片常见结构名称

第三节 服装结构制图一般规则

结构制图作为服装制图的组成,其制图规则有着严格的规定。结构制图的程序一般是先作衣身,后作部件;先作大衣片,后作小衣片;先作前衣片,后作后衣片。对于各零部件制图,重在齐全,先后次序并不十分严格。

服装结构制图时尺寸一般是使用成品服装各主要部位的实际尺寸,但用原型制图时,须知道着装者的胸围、腰围、臀围、袖长、裙长等重要部位的净尺寸。

服装结构制图中,根据不同需要有毛缝制图、净缝制图、放大制图、缩小制图等。净缝制图是按照服装成品的尺寸制图,图样中不包括缝头和贴边;毛缝制图是制图时衣片的外形轮廓线已经包括缝头和贴边在内,剪切衣片时不需另外加缝份和贴边。

一、服装结构制图图纸布局

图纸布局:图纸标题栏的位置应在图纸的右

下角；服装款式图位置应在标题栏的上面或者标题栏的左面；服装部件的制图位置应在服装款式图的左边或者上面。如图1-8所示。

服装结构制图的纸样排列布局，应该严格按

照服装的使用方位进行排列，不允许倒置（如裤片纸样要保证腰头位置在上面）；服装部件排料图的排列布局，应该严格按照服装部件丝缕方向进行排列，不能出现偏差。

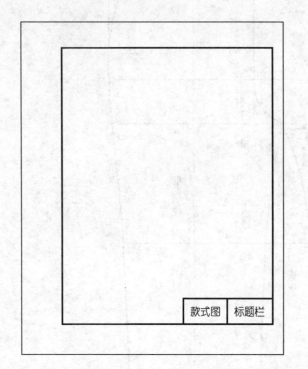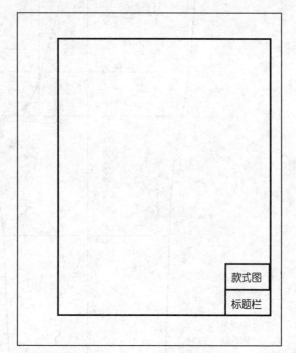

图1-8　服装结构制图图纸布局

二、服装结构制图比例

制图比例是指图纸中所画图样的尺寸大小与物体的实际尺寸大小之比。进行服装纸样制图时，在同一图纸上，应采用相同的比例，并将比例值填写在图纸的标题栏内。

服装制图比例有原值比例、放大比例和缩小比例三种。原值比例即图样尺寸与服装实际尺寸大小相等，比例值为1:1；放大制图的比例值一般是2:1和4:1；缩小制图的比例值则主要有1:2、1:3、1:4、1:5、1:6、1:10等几种。

三、服装结构制图字体与尺寸标注

图纸中的文字、数字、字母都必须做到字体工整、笔划清楚、间隔均匀、排列整齐。

服装制图时，服装各部位及零部件的实际大

小应以图样上所标注的尺寸数值为准，图纸中的尺寸一律以厘米（cm）为单位。

服装制图部位、部件的每一尺寸，一般只标注一次（例如袖长的标注，只要在其中一边袖子上标注即可），并应该标注在该结构最清晰的图形部位上。

标注尺寸线一般用细实线绘制，两端箭头指向尺寸界线处，尺寸界线一般应与尺寸线垂直。制图结构线不能代替标注尺寸线，要单独绘制标注尺寸线。

进行尺寸标注时，应注意：标注直距离尺寸时，数字应该标注在尺寸线的左面中间，如果直距离尺寸位置小，应将轮廓线两端延长，在上下箭头的延长线上标注尺寸数字；标注横距离的尺寸时，数字应该标在尺寸线的上方中间。如果横距离尺寸位置小，需要用细实线引出使之成为一个三角形,并在角的一端绘制一条横线,尺寸数字就标注在此横线上;标注斜距离尺寸时,需要用细实线引出使之成为一个三角形,并在角的一端绘制一条横线,尺寸数字就标注在此横线上。

尺寸数字线不能被任何图线通过,当无法避免时,必须将尺寸数字线断开,用弧线表示,这时尺寸数字就标注在弧线断开的中间位置。图1–9、图1–10为几种尺寸标注范例。

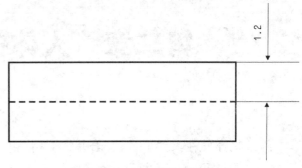

图1–9 尺寸标注例一

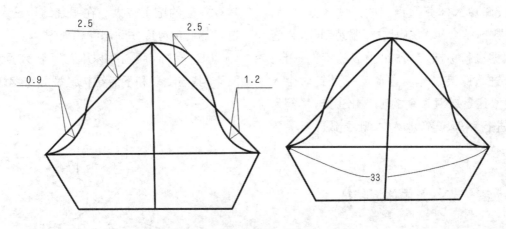

图1–10 尺寸标注例二

四、服装结构制图长度计量单位(公制、市制与英制的转换)

我国目前服装生产中,常使用的计量单位有市制、英制和公制三种,而公制中常用的计量单位有厘米(cm)和毫米(mm)两种。各计量单位间的换算情况如表1–5所示。

表1–5 服装制图常用计量单位换算表

公 制			市 制		英 制	
米	厘米	毫米	市尺	市寸	英尺	英寸
1	100	1000	3	30	3.28034	39.3701
0.33333	33.333	333.33	1	10	1.0936	13.1234
0.3048	30.48	304.8	0.9144	9.144	1	12
0.0254	2.54	25.4	0.0762	0.762	0.08333	1

思考与练习:

1.掌握服装结构制图符号及其所代表的含义。

2.掌握服装制图文字代号。

3.进行服装制图尺寸标注时,应该遵守的标注原则有哪些?

4.进行计量单位中公制与英制的换算练习。

第二章　人体体形特征与测量

服装是穿着在人体上的,有着装饰、美化和保护人体的作用。实际生活中不可能给每一个人进行立体裁剪,所以需要通过观察人体、了解人体特征、测量人体获得相应的人体数据,然后应用这些数据结合相关知识进行服装制作,或者对这些数据进行分析,制作出相应的标准人台,使用人台进行服装制作。因此无论是针对个人的量身定做还是针对大众的工业化生产,了解人体特征,进行科学正确地人体测量都是至关重要的。

第一节　人体体形特征

骨骼、肌肉和皮肤共同构成了人体的外部体形特征。了解人体体表的划分方法,以及骨骼、肌肉和皮肤的特征有助于科学地进行结构设计。

一、人体体表区域划分

人体的体表区域可以划分为头部、躯干、上肢和下肢四个部分,如图2-1所示。

1. 头部

在设计帽子或者带帽衫时才会考虑到头部特征,所以头部的细节常被忽略。

2. 躯干

服装用人体的躯干主要由颈部、肩部、胸背部、腰部和臀部几个部分组成,该部分直接关系着服装衣身的结构设计。

(1)颈部:将人体的头部和躯干连接在一起的部位,影响衣身领围线和领子的结构与造型。

(2)肩部:解剖学上没有肩部,但在服装结构设计中十分重要,与胸、腰、臀部的造型共同作用,可以设计出服装的各种廓形。

(3)胸背部:服装应用中,胸部和背部的划分以肋线为基准。胸背部形态男女差别大,上衣的胸背部塑型是服装结构设计的重点。

(4)腰部:人体腰部前后形态有差异,腰部活动范围大,前后左右都有其一定的活动范围,尤其以前屈的范围较大。在服装结构设计中,服装过腰部的部分应作动态结构处理。

(5)臀部:腰围线以下与下肢分界线之间的躯干,其与上装和下装结构造型均有密切关系。

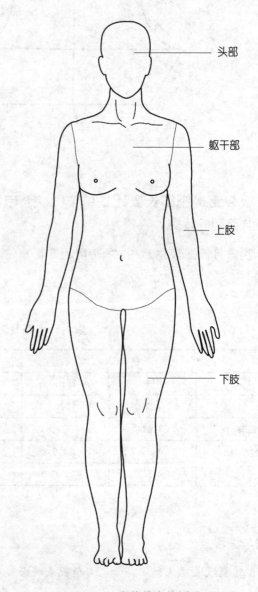

图2-1　人体体表的划分

3. 上肢

上肢与躯干肩部相连,由上臂、下臂和手三部分组成,对应服装中的袖子部位,上肢活动范围大,与躯干形成联动关系,是服装结构设计的重点和难点。

4. 下肢

下肢与躯干臀部相连,由大腿、小腿和足三部分组成,与腰部和臀部一起对应服装中的裙装和裤装。

二、人体骨骼结构特征

骨骼是人体的支架,它决定着人体的基本形态,人体骨骼的形态和关节的运动会对服装结构产生极大的影响。人体共有二百多块骨骼,根据服装结构设计的需要,将人体骨骼分为头部的骨骼、躯干部的骨骼、上肢的骨骼和下肢的骨骼几个部分进行分析,如图2-2和图2-3,因为头部的骨骼与服装关系不大,本书从略。

1. 躯干部的骨骼

人体躯干部的骨骼主要由脊椎、胸部骨骼和骨盆组成。

1)脊椎

脊椎由7个颈椎、12个胸椎、5个腰椎、1个骶骨和1个尾骨组成。颈椎连接头骨,腰椎连接髋骨,其整体形成背部凸起、腰部凹陷的"S"形。因为脊椎由若干个骨节连接而成,因此脊椎整体

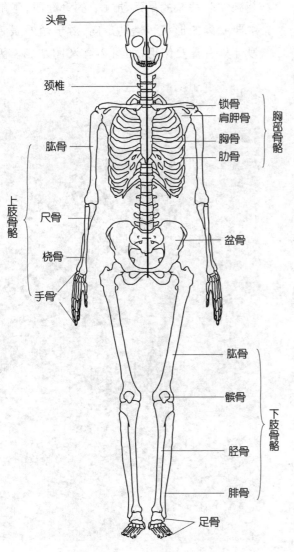

图2-2 人体骨骼正面

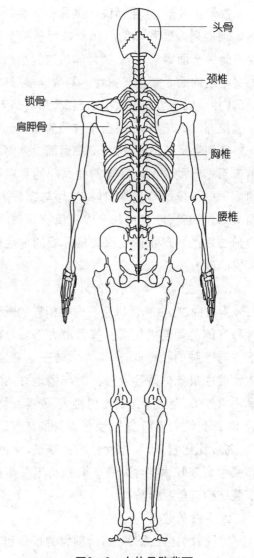

图2-3 人体骨骼背面

都可以屈动。

"S"形的造型对半身裙前后腰围线的高低，衣片前后腰省大小的分配等都有影响；由于颈椎和腰椎的活动范围大，所以对服装领子结构造型和服装腰部造型都有影响；而第七颈椎是人体多个测量部位的起点，是原型纸样的后颈中心点。

2）胸部骨骼

胸部的骨骼主要由锁骨、胸骨、肋骨和肩胛骨等部分组成。

肋骨共有12对，呈长条弓形，后端与胸椎相连，前端与胸骨相连，其中第一～第七对肋软骨直接连于胸骨，第八～第十对肋软骨间接连于胸骨，第十一和第十二对肋骨前端游离于腹壁肌层中，形成箩筐形的胸廓，胸廓中是心脏和肺等重要脏器。

锁骨呈S形，水平横位于胸骨和肩胛骨之间。其外侧的肩峰端和内侧的胸骨端都有关节面，与相应骨关节面组成关节。锁骨体的内侧半凸向前，外侧半凸向后。锁骨与胸骨内侧端连接形成胸锁关节，并形成一个拇指大小的颈窝，颈窝是人体多个测量部位的起点，是原型纸样的前颈中心点。

肩胛骨呈三角形，位于胸廓后面上外侧，介于第二至第七肋之间。其背侧面高起的称肩胛冈，肩胛冈的外侧端称肩峰，其关节面与锁骨肩峰端相关节。锁骨、肋骨前部分以及肩胛骨形成的近似前凹后凸的形状影响服装横开领的前后差，后肩省的设置等。

3）骨盆

骨盆由左、右髋骨以及与脊柱相连的骶骨、尾骨和其间的骨连接构成。髋骨上方与骶骨相连，下方与下肢的股骨向连，称为大转子。骨盆是人体骨骼中最能体现男女性别差异的地方，女性骶骨比男性尖，距坐骨距离比男性大，使得女性臀部偏下，而男性的臀部偏上，女性盆骨的宽度比男性大，高度比男性低，所以女性腰部修长，女性髋骨到腰围形成较大的倾斜面。骨盆与下肢相连，对下装结构有重要影响。

2. 上肢的骨骼

上肢骨骼由上臂的肱骨，前臂的桡骨和尺骨，以及手骨（包括腕骨、掌骨和指骨）构成。肱骨上端与锁骨、肩胛骨相连接形成肩关节，是服装肩部和袖山造型的重要依据，肱骨下端与桡骨和尺骨相连形成肘关节，肘关节只能前屈，是袖身造型设计的依据，桡骨和尺骨与腕骨组成腕关节，腕关节的凸点是测量臂长的基准点。

3. 下肢的骨骼

下肢骨骼由大腿的股骨和髌骨，小腿的胫骨、腓骨，以及足骨（包括跗骨、跖骨和趾骨）构成。股骨上端与髋骨相连形成大转子，活动范围较大，制作下装需要特别注意，股骨下端与髌骨、胫骨和腓骨组成膝关节，该关节只能前屈，对裤装造型有影响。

三、人体肌肉结构特征

人体的肌肉总数众多，结构复杂，但是与服装制作有关联的是运动关节的骨骼肌，了解人体主要肌肉的形状和运动走向，对于学好服装结构设计具有重要作用，如图2-4和图2-5。因头部

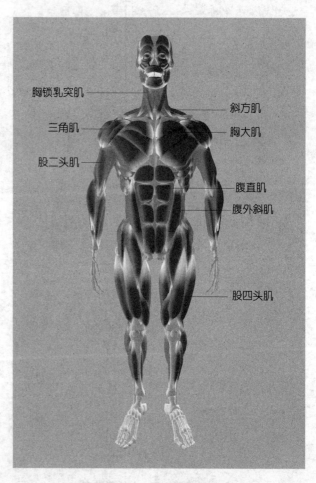

胸锁乳突肌
斜方肌
三角肌
胸大肌
股二头肌
腹直肌
腹外斜肌
股四头肌

图2-4　人体肌肉正面

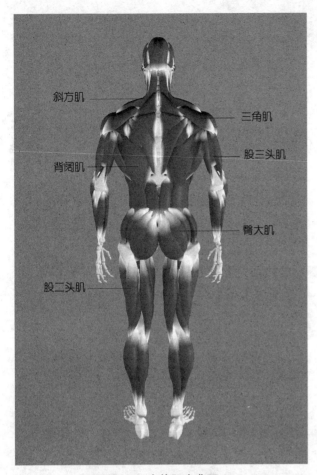

斜方肌
三角肌
股三头肌
背阔肌
臀大肌
股二头肌

图2-5　人体肌肉背面

的肌肉与服装关系不大,本书从略。

1. 颈部的主要肌肉

胸锁乳突肌是颈部浅层最显著的肌肉,是使头部前推或转动的肌肉,上至颅骨耳后的乳突位,下始于胸骨上端与锁骨的中心处,与锁骨在前颈部形成凹陷,因此合体服装在前肩线靠近颈部的位置需要做拔开处理。

2. 躯干部的主要肌肉

1）斜方肌

斜方肌位于颈部和背部的皮下,始于颅骨的后中下端、颈椎及胸椎,止于肩胛骨的肩胛棘及锁骨外侧 1/2 的位置,在一侧成三角形,左右两侧相合构成斜方形,是构成人体肩部倾斜形态和带动肩胛骨运动的主要肌肉。斜方肌越发达,人体肩背隆起越明显,会直接影响服装的肩线和背部造型。一般来说,男性的斜方肌比女性发达。

2）背阔肌

背阔肌位于腰背部和胸部后下外侧的皮下,

附着于脊椎和骨盆带上,较窄的一端则在肩下延伸到肱骨,是全身最大的阔肌。上部被斜方肌遮盖,是将手臂向下和下后拉的背部肌肉。当男性的背阔肌高度发达时,显赫地映现出肩宽、腰细,将上体烘托地更加魁梧并呈"V"形。背阔肌的发达程度会直接影响服装背部造型和后腰部省道的大小。

3）胸大肌

两块胸大肌位于胸的两侧,成扇型,其窄端附着于肱骨之上,其宽端部分附于锁骨上,部分附于胸骨和肋骨上面的软肋骨上,胸肌可将手臂向前拉和向内拉近身体,并使手臂转动。胸大肌为胸廓最丰满的部位,女性胸肌被乳房覆盖显得更加突出,是测量人体胸围的依据。

4）腹直肌和腹外斜肌

两块腹直肌从胸廓延伸到骨盆。当腹直肌收缩时,腹部被往内拉。在腹肌共同作用下,可使躯干向前或向侧面运动,甚至扭曲。腹外斜肌是使腹部紧束的斜肌,两块外斜肌从最低的肋骨延伸到身体前面的中线,腹部肌肉比体内其它肌肉更易消退,缺乏运动时,因营养过剩,腹部脂肪大量堆积而下坠时,最易使腹肌松弛,因此对于肥胖体形,制作下装时,需要测量腹围。

5）臀大肌

臀大肌很发达,在解剖学范畴属于下肢的肌肉,是构成臀部形态的重要肌肉。人体伸直或伸展腿部时,都必须要运用这块肌肉。当双腿直立时,臀大肌向后隆起,在胯部下方形成臀股沟,当大腿前屈时,臀股沟消失。人体前腹、后腰、臀部肌肉形态的差异决定了贴体服装前后腰省形态的差异。

3. 上肢的主要肌肉

1）三角肌

三角肌围绕着肩膀连接肩胛骨、锁骨和肱骨,呈三角形。肩部和上臂的大多数运动都离不开三角肌,它使肩膀坚固并使手臂可作多方向的运动。肩部的膨隆外形即由该肌形成,其发达程度对合体服装的袖山造型影响较大。三角肌与胸大肌共同构成腋窝,当手臂自然下垂时形成的腋点是重要的人体测量基准点。

2）肱二头肌和肱三头肌

肱二头肌是位于上臂前面的肌肉，它连接肩胛骨和前臂的桡骨，收缩使前臂弯曲，收缩时会明显地鼓起。肱三头肌位于上臂后面，可伸直或伸展手臂。

4. 下肢的股四头肌和股二头肌

股四头肌是人体最有力的肌肉之一，位于大腿前表面皮下，有四个头，即股直肌、股中肌、股外肌、股内肌。股四头肌始于髋骨和股股上部，止于髌骨与胫骨的前上部，主要控制膝盖伸展以及股关节的弯曲运动。股二头肌位于大腿后部内侧，主要控制膝盖的弯曲以及股关节的伸展运动。

四、脂肪和皮肤

除了肌肉系统是构成人体外形的直接条件，脂肪也是构成人体表面形态的重要因素。人体的脂肪根据人的性别、年龄、生活习惯、地域和职业等差异有所不同，而使人体的外部形态发生变化。如女性比男性皮下脂肪多，所以女性体表光滑、柔软、线条柔美，而男性肌肉发达，脂肪较少，所以线条分明；又如胖体在腰腹部等部位堆积多余脂肪，改变人体外形，使人体缺乏线条美感，呈菱形。

皮肤虽然对人体的外形影响不大，但是皮肤的收缩、伸展会对直接覆盖人体表面的服装产生影响。这是因为皮肤的伸缩性与服装材料的延伸性有差异，当服装材料的延伸性小于人体皮肤的伸缩性，同时服装与人体之间又无皮肤伸展的足够空间，服装就会牵制人体，造成人体的不舒适感，所以对于皮肤延伸空间较大的腋下，臀沟等部位，在服装结构设计时需要特别注意。

五、人体轮廓特征

1. 不同性别和年龄层人群的体形特征

1）青年男女体形特征

总的说来，成年男性的骨骼粗壮而突出，上身骨骼较发达，胸廓体积较大，盆骨窄而薄，锁骨弯曲度大，显著隆起于体表，胸部宽阔而平坦，肩部和胸部肌肉发达，腰节线偏低，肩到臀呈倒梯形（即男性臀宽与肩宽同宽或者稍窄），一般后腰节长于前腰节。

而成年女子下身骨骼较发达，肩窄小，胸廓体积较小，盆骨宽而厚，肌肉没有男性发达，但皮下脂肪比男性多，胸部乳房隆起，背部稍向后倾斜，后腰凹陷，前腹前挺，臀部丰满，外形光滑圆润，曲线自然柔美，肩到臀呈梯形（即女性臀宽与肩宽同宽或者稍宽），一般前腰节长于后腰节。

男女体形的差异使得男女服装在结构上存在较大的差别，男装结构设计更多强调男性的挺拔直线造型，故男装更多利用服装材料的性能、浮余量转移为工艺归拢或者分割等方式进行处理；而女性结构设计更碰强调女性优美的"S"造型，故女装更多地利用省道、褶皱以及分割来满足女性对服装的生理和心理要求。

2）老年体形特征

老年人的体形随着生理机能的衰落，脊柱和下肢弯曲，各部位关节软组织萎缩，肩部下垂，腹部脂肪堆积向外突出，胸平背方。因此老年人的可用垫肩修饰肩部，服装可适当增加放松量满足其舒适性要求，衣身浮余量多采用下放的方式处理。

3）儿童体形特征

儿童处于生长发育阶段，其体形在不同的阶段呈现不同的特征。

婴儿期（1岁以前）：头大，肩圆且小，胸部与腹部较突出，尺寸无明显区别，男女无明显区别。

幼儿期（1~6岁）：胸部短而阔，腹部圆向前突出，肩胛骨明显，腰不明显，男女无明显区别。

学童期（6~12岁）：身高增加较快，逐渐显现躯干的曲线，男女开始出现差异。

中学生期（12~15岁）：男、女童逐步进入青春发育期，身高、体重、体形及身体各个部位的比例与成年人类似，第二性特征开始出现，男女体形差异逐渐加大。

2. 人体比例与服装造型

服装不仅展现人体的美，还需要对人体进行美化，因此要优化服装结构比例，设计出美化人体的服装，这就需要了解人体长度、围度、宽度的比例关系，培养比例美感。

1）长度比例关系

人体长度比例一般以头高为单位计算，但是人体的比例因性别、年龄、种族、地理、气候环境不同而各异。服装领域通常将成人人体比例划分为两大比例标准，即七头高和八头高，如图2-6所示为七头高比例。

七头高比例与八头高比例进行比较，肚脐以上都是三头长，七头高比例肚脐以下是四头长，八头高比例肚脐以下是五头长。八头高上下身比例关系更接近黄金分割，这种比例关系的人体似乎更具有审美意义。因此，在为身材比例更接近于七头高的中国人设计服装结构时，可以根据款式特点适当提高腰围线的位置，美化人体比例。

2）宽度比例关系

正面观察人体，成年男性的肩宽宽于臀宽，呈倒梯形；成年女性的肩宽等于或者小于臀宽，与腰形成"X"形造型，如图2-7所示。

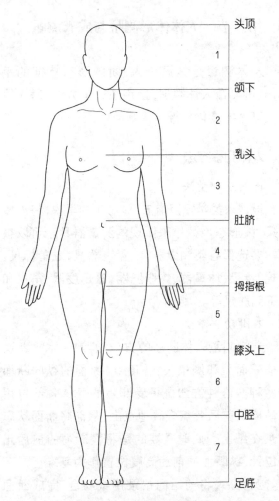

图2-6　七头高人体比例

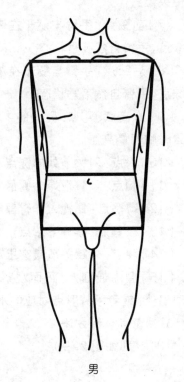
男

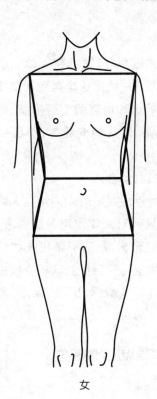
女

图2-7　男女人体宽度比例

第二节　人体体形测量与成衣测量

人体测量是把握个人、团体形态特征的手段，通过测量人体数据，运用统计学方法，对人体特征可进行量化分析。

一、人体测量方法

1. 马丁测量法

根据人类学家卢道夫·马丁的学说，将人体的尺寸、形态用数值来体现的测量器具。可以根据需要选择各类测量器具：量高器具、触角标尺、定规、卷尺、体重器、体脂肪器、量角度器、角尺和皮下脂肪尺等。

2. 滑动测量法

专门测量人体断面的方法，有测量水平断面的横断面型和测量矢状（正中）断面的纵向断面型两种。这种方法是将受测者的身体各部位用活动棒从前后各点轻轻地点上，从而将断面状态记录在纸上。此时重要的是将横断面的前后正中位置、纵断面的前后高度位置作为基准记录下来。测完后，将前后的记录用纸吻合，完成断面形态，把这个断面形状以细小的间隔重叠后便形成人体的立体形态。

3. 石膏定型测量

是将石膏绷带浸水收，贴绑在人体上所拓出的人体模型的取型法。根据这个得到人体体表形状。根据所得的静态和动态的石膏模型，可以求出皮肤面的移动量、形状的变化等，得出和纸样相关联的数据。

4. 三维曲面形状测量法

这是以非接触手段在短时间内测出人体的立体形状的方法。这是对人体使用微弱的激光，并用照相机拍摄下这个光，从而测量出人体三维形状。用专门的分析软件把测量的数据置换成图像数据，便可以了解距离数据（周长、厚度、宽度）、角度、断面形状。

二、人体测量的基准点及测量部位

1. 手工测量要点

（1）着装情况：裸体、净裸体、文胸或紧身衣。

（2）被测者姿势：头部保持水平、背部自然伸展不要抬肩、双臂自然下垂手心向内、双脚后跟紧靠、脚尖自然分开。

（3）测量工具：皮尺测量，测量围度时要既不脱落也不使被测者感到压迫。

（4）计量单位：厘米（cm）。

（5）定点测量：为了尽量避免大的测量误差，需要定点测量，先在人体上标定测量基准点，一般选取人体骨骼的突出点、相交点，同时在腰围最细处系上一根细带，作为腰部定位。

2. 测量基准点和基准线（如图2-8）

（1）头顶点：位于头顶部最高点，位于人体的中心轴上。

（2）眉间点：位于前面两眉中心点。

（3）颈后中心点（BNP）：颈后第七颈椎最突出点。

（4）侧颈点（SNP）：位于颈侧的根部，从侧面观察人体，位于颈根部宽度的1/2略偏后。

（5）前颈窝中心点（FNP）：脖子两锁骨中窝稍偏上的点。

（6）肩端点（SP）：手臂和肩交点处，及肩胛骨，肩峰上缘最向外突出的点，从侧面看在上臂正中央位置。

（7）前腋点：手臂与躯干在腋前交接产生的褶皱点，手臂自然下垂状态。

（8）后腋点：手臂与躯干在腋后交接产生的褶皱点，手臂自然下垂状态。

（9）胸高点、乳点：乳头的中心点（BP）或带胸罩时胸部最高点。

（10）肘点：肘关节处内侧点。

（11）腕点：尺骨下端外侧最突出点。

（12）臀凸点：侧视人体臀部最突出点。

（13）髌骨点：髌骨下端点。

（14）踝点：外踝关节最突出点。

（15）腰围最细处：正面观察人体，体侧腰部最凹陷处；或者手臂肘点对应的水平位置。

3. 测量部位和方法

1）围度（如图2-9）

①胸围

测量方法：沿BP水平围量一周。

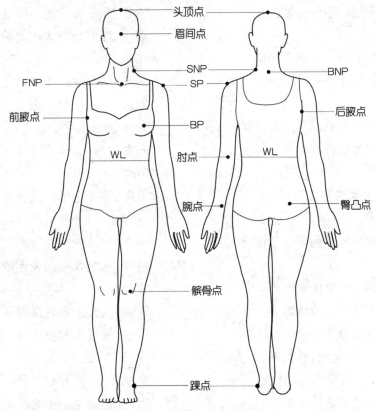

图2-8 人体测量基准点

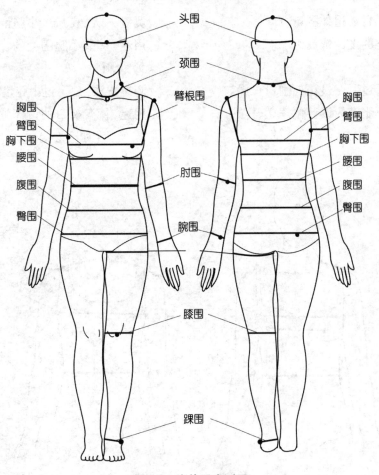

图2-9 人体围度测量

用途:服装胸围围度的设计依据。

② 胸下围

测量方法:沿乳房下缘水平围量一周。

用途:选用内衣的依据之一。

③ 腰围

测量方法:沿腰部最细处水平围量一周。

用途:服装腰围围度的设计依据。

④ 中腰围(腹围)

测量方法:在腰围和臀围距离的 1/2 处水平围量一周。

用途:合体裙装腹围围度的设计依据。

⑤ 臀围

测量方法:沿臀突点水平围量一周。

用途:服装臀围围度的设计依据。

⑥ 臂根围(手臂终端围)

测量方法:皮尺过腋窝底,前后腋点,SP 围量一周。

用途:服装袖窿尺寸的设计依据之一。

⑦ 臂围

测量方法:沿手臂最粗处围量一周。

用途:服装袖肥的设计依据之一。

⑧ 肘围

测量方法:皮尺过肘点最粗处围量一周。

用途:服装肘部肥度的设计依据之一。

⑨ 腕围

测量方法:皮尺过手腕点最粗处围量一周。

用途:服装袖口大小的设计依据之一。

⑩ 掌围

测量方法:皮尺手掌最宽大处围量一周。

用途:服装袖口大小的设计依据之一。

⑪ 头围

测量方法:经人体眉间点、头后凸点围量一周的围度。

用途:帽子宽度的设计依据

⑫ 颈围

测量方法:皮尺过 SNP、BNP、FNP 围量一周。

用途:服装领围的设计依据。

⑬ 大腿围

测量方法:皮尺过臀根部水平围量一周。

用途:裤装横裆宽的设计依据。

⑭ 膝围

测量方法:皮尺过髌骨点水平围量一周。

用途:裤装中档围度的设计依据。

⑮ 小腿围

测量方法:皮尺过小腿最粗处围量一周。

用途:裤装小腿围度的设计依据。

⑯ 踝围

测量方法:皮尺过小腿足踝最粗处围量一周。

用途:裤装裤口的设计依据。

2)宽度(如图 2-10)

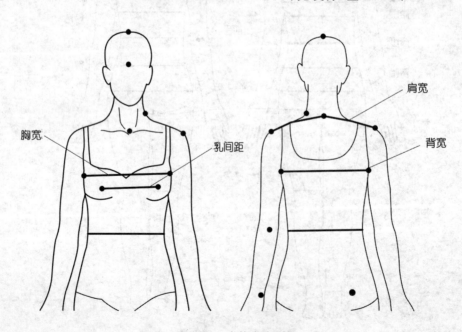

图2-10　人体宽度测量

20

① 肩宽

测量方法:皮尺经左 SNP 沿 BNP 到右 SNP 测量。

用途:服装肩宽的设计依据。

② 背宽

测量方法:皮尺过左后腋点沿背部形态到右后腋点测量。

用途:服装背宽的设计依据。

③ 胸宽

测量方法:皮尺过左前腋点沿胸部形态到右前腋点测量。

用途:服装胸宽的设计依据。

④ 乳间距

测量方法:左右 BP 间的水平距离。

用途:服装 BP 位置的设计依据之一。

3)长度(如图 2-11)

① 身高

测量方法:从头顶点到地面的垂直高度。

用途:服装长度的设计依据。

② 颈椎点高

测量方法:从颈后中心点 BNP 到地面的垂直高度。

用途:服装长度的设计依据。

③ 坐姿颈椎点高

测量方法:坐姿测量长度,被测人端坐在椅子上,从 BNP 到椅面的垂直高度。

用途:服装长度的设计依据。

④ 背长

测量方法:从 BNP 沿背部曲线到腰围线的长度。

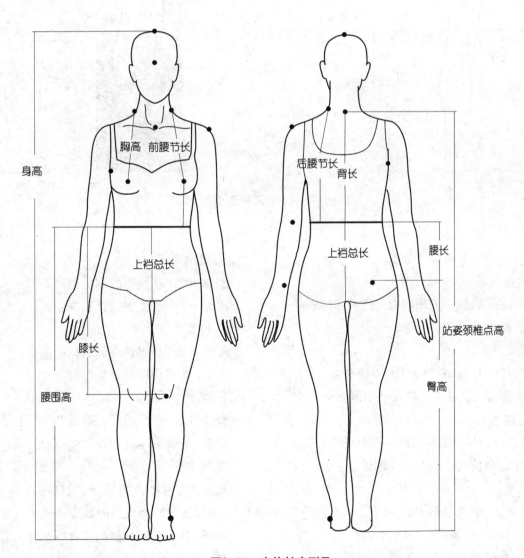

图2-11　人体长度测量

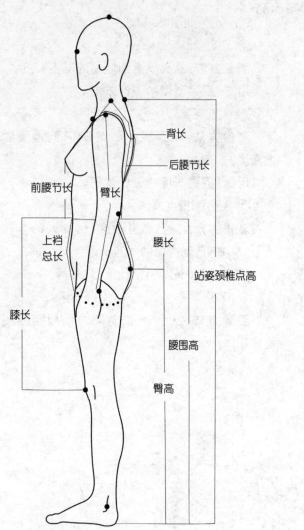
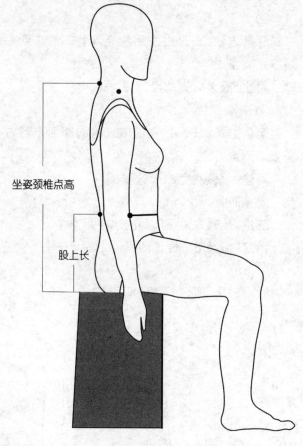

图2-11 人体长度测量（续）

用途：服装背长的设计依据。

⑤ 后腰节长

测量方法：从 SNP 沿肩胛骨到腰围线的长度。

用途：服装后腰节长的设计依据。

⑥ 胸高

测量方法：从 SNP 到 BP 的直线长度。

用途：服装 BP 点位置的设计依据之一。

⑦ 前腰节长

测量方法：从 SNP 沿 BP 到腰围线的长度。

用途：服装前腰节长的设计依据。

⑧ 臂长

测量方法：手臂自然下垂，皮尺从 SP 沿手臂形态到手腕点的长度。

用途：服装袖长的设计依据。

⑨ 腰围高

测量方法：从腰围线到地面的高度。

用途：下装长度的设计依据。

⑩ 臀高

测量方法：从臀凸点到地面的高度。

用途：选拔模特的重要参数。

⑪ 腰长

测量方法：从后腰围线到臀凸点的长度。

用途：服装臀围线的设计依据。

⑫ 股上长

测量方法：坐姿测量长度，被测人端坐在椅子上，从后腰围线到椅面的长度。

用途：裤装立裆长度的设计依据之一。

⑬ 上裆总长

测量方法：从前腰围线开始，顺着人体中心线，经前裆绕过裆底过后裆到后腰围线的长度。

用途：裤装立裆长度的设计依据之一。

⑭ 膝长

测量方法：从腰围线到髌骨的高度。

用途：下装长度的设计依据之一。

三、成衣测量

成衣的规格尺寸是在人体尺寸的基础上，根据不同的服装款式，加上一定放松量后形成的成品服装尺寸。

1. 成衣测量的作用

通过测量成衣尺寸，服装生产企业可以检验批量服装生产的质量，控制产品尺寸误差；来样加工企业可以获得服装的准确尺寸，为制板提供重要的技术参数。

2. 测量方法

被测服装必须平整，被测服装的钮扣、拉链需扣上。被测服装在测量前或测量中不得拉伸或卷曲，特别不能因为尺寸达不到而对被测服装进行拉伸或卷曲。

1）上装的测量（如图2-12）

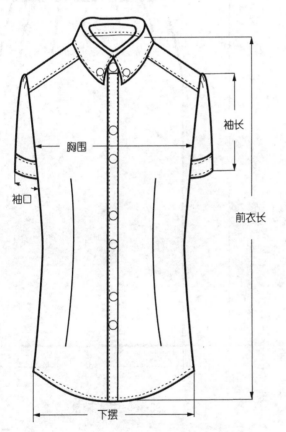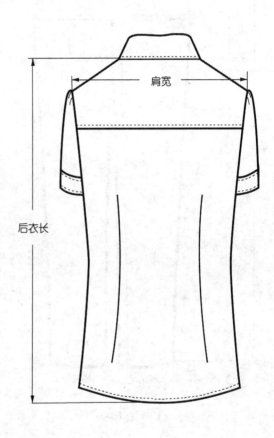

图2-12　上衣测量

① 前衣长：由肩缝最高点垂直量至下摆。

② 后衣长：由后领口中心垂直量至下摆。

③ 领大：衬衣领子摊平，由扣眼中心至扣子中心横量；其他上衣领子摊平，由领子下口横量。

④ 肩宽：有过肩的上衣由袖缝边过肩1/2平放横量；无过肩的，由两肩袖缝最高点平放横量。

⑤ 胸围：扣好钮扣，前后身放平，在袖底缝处横量一周计算。

⑥ 下摆：扣好钮扣，前后身放平，在下摆边处横量一周计算。

⑦ 袖长：由肩缝最高点量至袖口边。

⑧ 袖口：扣好袖扣，沿袖口横量一周计算。

2）裤装的测量（如图2-13）

① 裤长：由腰上口沿侧缝量到脚口边。

② 立裆长：由腰上口垂直量至立裆的距离。

③ 内长：由裤裆十字缝沿下裆缝量到脚口边。

④ 腰围：扣好钮扣，沿腰宽中间横量一周计算。

⑤ 臀围：由腰下前2/3处横量一周计算。

⑥ 横裆：从下裆最高处横量一周计算。

⑦ 裤脚口：裤脚口处横量一周计算。

3）裙装的测量（如图2-14）

① 裙长：由腰上口沿侧缝量到下摆。

② 腰围：扣好裙钩（钮扣），沿腰宽中间横量一周计算。

③ 裙摆：裙下摆边处横量一周计算。

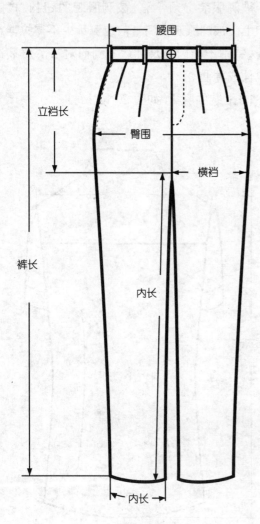

图2-13　裤装测量

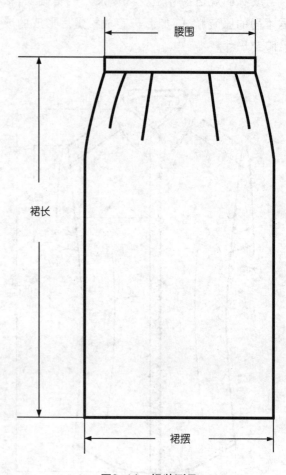

图2-14　裙装测量

第三节　人体静态与动态特征参数

进行服装结构设计，只研究人体的组织构造是不够的，还要进一步研究人体在静态和动态下对服装的造型、功能的制约条件。本书所使用的数值为成人正常体形的平均值。

一、人体静态特征参数

人体静态是指人自然垂直站立的状态，这种状态所构成的固定的体形数据标准就是人体静态尺度。

1. 腰节长度差

成年男性胸部宽阔而平坦，背部肌肉发达，一般后腰节比前腰节长1.5cm左右；成年女性胸部丰满，一般前腰节比后腰节长1.5cm。

2. 颈部

人体的颈部呈上细下粗、近似圆台形状，颈中部围度与颈根部围度之差为2.5～3cm，颈部后长 6 ~ 7cm,颈部前长 4 ~ 5cm。侧面观察颈部呈前倾,我国女性人体脖颈前倾角度约为 17° ~ 19°,侧倾夹角约 96°。女性颈部截面成柿子状,其宽度与长度之比为 1:1.4 左右。

3. 肩部

肩部倾斜度主要由斜方肌的发达程度决定。男性的斜方肌比女性发达,所以男性的肩斜度比女性大,男性为 21° 左右,女性为 20° 左右,如图 2-15 所示。

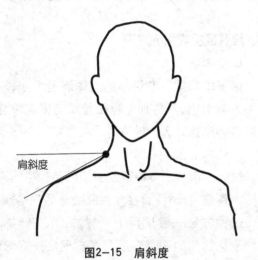

图2-15 肩斜度

4. 胸部

女性胸部丰满,前胸乳点凸出,腰部凹陷,胸高点至腰部曲度变化明显。男性胸部似盆底形,曲线变化不明显。

5. 臀部

人体后臀点与后腰点夹角为 20° ~ 22°,臀沟与后腰点夹角为 10° ~ 12°,女性的夹角大于男性。

6. 手臂

当人体直立,手臂下垂时呈自然向前弯曲的形态,男性手臂向前弯曲的程度大于女性,正常男性手臂前倾斜度比女性大 4° 左右。

人体静态特征和参数是服装纸样基本结构线绘制的重要依据。

二、人体动态尺度参数与结构设计

服装纸样中宽松度和运动量的设计,主要是依据人体正常运动状态的尺度进行设计。一方面人体的运动会对服装的外形产生影响,另一方面服装也会对运动的人体产生制约,而成功的服装设计应该是实用性和美观性的完美结合,所以了解人体动态特征对成功地进行结构设计十分重要。

1. 颈部的动态

颈部屈曲低头的最大角度大约为 45°;伸展向后抬头的最大角度大约是 45°;侧屈歪头的左右角度分别是 45°;转头的角度大约是 60°。颈部的运动与头部直接相关,所以设计功能型的连身风帽时,需要在静态人体测量的基础上加放动态活动量。颈部的运动对领子的角度和高度也有影响。

2. 肩部的动态

手臂最大可以举到完全竖直,大约 90°;手臂贴着身体两侧向后抬的角度大约有 40°;手臂侧平举,也就是外展,大约 80°~90°,但是外展最大的角度也可以到胳膊完全竖直,手臂贴着耳朵,也就是 180°;手臂内收,就是伸直胳膊,手去摸对侧的腿的动作,就是肩关节的内收,大约 20°~40°;手臂内旋:胳膊夹紧在身体两侧,肘关节弯成 90°,小臂向里转,手能摸到肚子,就是内旋最大角度。大约 70°~90°;手臂外旋,和内旋相反方向的动作就是外旋,大约 40°~50°。

由此可见,肩部的活动范围大,但是人体手臂的运动主要是向前、向上,所以需要在服装对应人体的背部、腋部、肩部处设置合理的放松量。

3. 腰部的动态

腰锥向前弯腰的角度大概只有 40°,腰锥向后仰的最大角度大约 30°,前大于后;腰椎侧屈,腿不能跟着动,大约在 20°~30° 之间,前大于侧;腰和颈椎一样可以做绕环动作,同样一圈是 360°,只是动作的幅度更小。

由此可见,腰部向前的活动量大于向后和向侧的活动量,所以需要在服装的后衣身增加适当的长度放松量。

4. 臀胯部的动态

髋关节在人体臀胯部的运动中起着重要作用。髋关节屈曲,就是膝盖去接触胸口,大约 90°;髋关节后伸,就是后踢腿的动作,大约 10° ~ 15°;髋关节内收,交叉步的时候右腿向左迈步左腿向右迈步就是髋关节的内收，大约20°～30°；髋关节外展，就是两腿分开，大约30°～45°；髋关节外旋，"翘二郎腿"和踢毽子的时候，小腿翻转向里的动作就是外旋，大约30°～40°；髋关节内旋，和外旋相反的方向翻转小腿就是内旋，大约40°～50°。

由此可见，髋关节的运动会影响到臀胯部的尺寸变化，需要在下装的围度设计中考虑动态放松量，在裤装的设计中考虑裆部的长度放松量。另外由于髋关节的外展量大于内收量，所以需要特别注意下裆缝线和侧缝线的长度和角度关系。

5. 膝部的动态

膝关节屈曲，下蹲的时候就是膝关节屈曲角度接近最大的时候，大约135°～150°；膝关节伸展，就是伸直腿，呈一条直线就是0°，比0°再伸直一点，大约5°～10°。

由此可见膝部的运动更大幅度的是屈曲，所以裤装需要在膝盖部位留有适当松量，这种松量可以通过加大裤装中裆的松量，或者在前片中裆处设置褶、省，工艺归拢解决人体膝盖部位活动所需要的量。

第四节　服装成品规格与号型系列

《服装号型》国家标准是服装工业重要的基础标准，是根据我国服装工业生产的需要和人体体形状况建立的人体尺寸系统，是编制各类服装规格的依据。

服装成品规格是指服装成衣外形主要部位的尺寸大小，它实际上是控制和反映服装成衣外观形态的一种标志。上装的主要部位有衣长、袖长、胸围、肩宽、领围等；下装主要部位有裤长（裙长）、腰围、臀围等。

服装成品规格与服装号型相互联系，但又存在区别，一般情况下，服装成品规格是在人体尺寸的基础上加上放松量形成的。

一、服装成品规格的构成

1. 成品规格的影响因素

影响服装成品规格的主要因素有服装的款式风格、面料、穿着者的性别、年龄、习惯等等。例如，宽松风格服装的放松量肯定大于合体服装风格服装的放松量；采用厚薄不同的面料制作同款服装，厚面料服装的放松量大于薄面料服装的放松量；老年人的服装一般比年轻人的服装宽松等等。

2. 成品规格的构成

具体地说，服装成品规格由满足人体基本生理活动所需的放松量和服装造型放松量构成。

二、服装成品规格的来源

1. 量体采寸

根据本章第二节讲述的人体测量方法，测量相关人体数据，然后加上放松量即可得到服装成品规格。这种方法一般适用于量身定做类服装。

2. 量衣采寸

根据本章第二节讲述的服装成品规格的测量方法测量服装尺寸，直接作为服装成品规格。

这种方法一般适用于来样加工或者剥样制板。来样加工的服装需要与客户形成良好沟通，一要注意客户的尺寸规格表是否有测量方法的提示，二是在生产前就要去了解客户的测量方法，三是在确认样品和产前样的测量中，如果发现和客户的测量结果有较大的差异时（超出允差），也许你的测量方法不符合客户的测量方法，这时应该及时的和客户去沟通有关尺寸的测量方法。

3. 要货单位提供

一般应用于加工型企业，要货单位提供工艺单，有的还同时提供样衣，工艺单中一般标有成品服装各个部位的规格尺寸，加工企业无需重新设计服装成品规格。

4. 服装号型系列

《服装号型》国家标准是服装工业重要的基础标准，是根据我国服装工业生产的需要和人口体形状况建立的人体尺寸系统，根据我国1997年版《服装号型》标准文本所提供的人体尺寸，加上放松量即可构成服装成品规格。

三、服装号型系列

我国现行的1997年版《服装号型》国家标

准由男子、女子、儿童三个独立部分组成（GB/T1335.1～1335.3-1997）。

1.号型定义

1）号的定义

号表示人体的身高，是设计和选购服装长度的依据。从人体测量数据和服装消费的实际考查，人体身高与颈椎点高、坐姿颈椎点高、腰围高和全臂长等人体纵向长度密切相关，它们随着身高的增加而增加。因此号的含义关联着身高所统辖的属于长度方面的各项数值，这些数值成为不可分割的整体。

2）型的定义

型表示人体的净胸围或净腰围，是设计和选购服装围度的依据。型的含义同样包含胸围或腰围所关联的臀围、颈围以及总肩宽等，它们同样是一组不可分割的整体。

2.体形的划分

我国国际标准服装号型系列GB1335-2008规定，根据成人人体胸围和腰围的落差值，将人体分为四种类型：Y、A、B和C。因为男子和女子的体形特征不一样，所以男女的落差范围不一样，见表2-1。

体形分类客观反映了我国人体群体中体形的差异，Y体一般为宽肩细腰体形，A体为一般正常体形，B体腹部略为突出，多为中老年，C体腰围尺寸接近胸围尺寸，为肥胖体。

3.号型标志

1）成人服装号型标志

按服装号型标准规定服装成品必须有"号型"标志：先"号"后"型"，两者间用斜线分开，后接"体形分类代号"，即"号／型 体形分类代号"。

例：5.4系列的女上装号型160/84A，其中160表示适合身高为158～162cm的人，84表示适合胸围为82～85cm的人，体形分类代号A表示净胸围减净腰围的差值在18～14cm之间。男下装（裤子）的号型170/72B，表示该服装适合170cm左右身高，净腰围为72cm左右，净胸围减净腰围的差值在7cm～11cm之间的人穿着。

2）儿童服装号型标志

儿童不分体形，因此号型标志没有体形分类代号。

4.号型系列

《服装号型》国家标准分别按男子、女子和儿

表2-1 体形分类

性别	Y	A	B	C
女	19～24cm	14～18cm	9～13cm	4～8cm
男	17～22cm	12～16cm	7～11cm	2～6cm

表2-2 成人号型系列分档范围和分档间距 （单位：cm）

型	体形类别	男	女	分档间距
		155～185	145～175	5
胸围	Y	76～100	72～96	4
	A	72～100	72～96	4
	B	72～108	68～104	4
	C	76～112	68～108	4
腰围	Y	56～82	50～76	2或4
	A	58～88	54～82	2或4
	B	62～100	56～94	2或4
	C	70～108	60～102	2或4

童设置了号型系列。

1）成人号型系列

号：一般将成人的号按5cm分档，如155，160，165等

型：胸围按4cm分档，如80、84、88等；腰围按4cm分档，如60、64、68等；或按2cm分档，如60、62、64等

成人上装：身高与胸围搭配组合成5.4系列；

成人下装：身高与腰围搭配组合成5.4系列和5.2系列

为了与上装5.4系列配套使用，满足腰围分档间距不宜过大的要求，才将5.4系列按半档排列，组成5.2系列，在上下装配套时，可在系列表中按需选一档胸围尺寸，对应下装尺寸系列选用一档或两档甚至三档腰围尺寸，分别作1条、2条或者3条裤子或裙子。

2）儿童号型系列

儿童服装号型把身高划分为三段编制，组成系列，见表2-3。

第一段是身高在52~80cm之间的婴儿(不分

表2-3　儿童号型系列分档范围和分档间距　　　　　　　　　　（单位：cm）

型			号			
			婴儿	儿童（小童）	儿童（大童）	
			52~80	80~130	135~160(男)	135~155（女）
胸围			40~48	48~64	60~80	56~76
腰围			41~47	47~59	54~69	49~64
分档间距	号		7	10	5	5
	胸围		4	4	4	4
	腰围		3	3	3	3

表2-4　中间体及分档数值　　　　　　　　　　（单位：cm）

性别	体形类别	胸腰差	系列	中间体		服装规格分档								控制部位		
				上衣	裤子	衣长	胸围	袖长	领围	总肩宽	裤长	腰围	臀围	颈围	总肩宽	臀围
男	Y	17~22	5.4	170/88	170/70	2	4	1.5	1	1.2	3	4	3.2	36.4	44	90
			5.2	170/88	170/70	/	/	/	/	/	3	2	1.6	36.4	44	90
	A	12~16	5.4	170/88	170/74	2	4	1.5	1	1.2	3	4	3.2	36.8	43.6	90
			5.2	170/88	170/74	/	/	/	/	/	3	2	1.6	36.8	43.6	90
	B	7~11	5.4	170/92	170/84	2	4	1.5	1	1.2	3	4	2.8	38.2	44.4	95
			5.2	170/92	170/84	/	/	/	/	/	3	2	1.4	38.2	44.4	95
	C	2~6	5.4	170/96	170/92	2	4	1.5	1	1.2	3	4	2.8	39.6	45.2	97
			5.2	170/96	170/92	/	/	/	/	/	3	2	1.4	39.6	45.2	97
女	Y	19~24	5.4	160/84	160/64	2	4	1.5	0.8	1	3	4	3.6	33.4	40	90
			5.2	160/84	160/64	/	/	/	/	/	3	2	1.8	33.4	40	90
	A	14~18	5.4	160/84	160/68	2	4	1.5	0.8	1	3	4	3.6	33.6	39.4	90
			5.2	160/84	160/68	/	/	/	/	/	3	2	1.8	33.6	39.4	90
	B	9~13	5.4	160/88	160/78	2	4	1.5	0.8	1	3	4	3.2	34.6	39.8	96
			5.2	160/88	160/78	/	/	/	/	/	3	2	1.6	34.6	39.8	96
	C	4~8	5.4	160/88	160/82	2	4	1.5	0.8	1	3	4	3.2	34.8	39.2	96
			5.2	160/88	160/82	/	/	/	/	/	3	2	1.6	34.8	39.2	96

男女),身高以 7cm 分档,胸围以 4cm,腰围以 3cm 分档,上装组成 7.4 系列,下装组成 7.3 系列。

第二段是身高在 80~130cm 之间的儿童(不分男女),身高以 10cm 分档,胸围以 4cm,腰围以 3cm 分档,上装组成 10.4 系列,下装组成 10.3 系列。

第三段是身高在 135~160cm 的男童和身高在 135~155cm 的女童,身高以 5cm 分档,胸围以 4cm,腰围以 3cm 分档,上装组成 5.4 系列,下装组成 5.3 系列。

5. 中间体

服装号型提供了中间体的控制部位尺寸,中间体反映了我国男女成人各类体形的身高,胸围和腰围等部位的平均水平,有一定的代表性。除此之外中间体的设置还依据号、型出现频率的高低,使中间体尽可能位于所设置号型的中间位置。

6. 服装号型标准的应用

因为服装号型产生的方法科学,代表性强,具有覆盖面广,对象区分细致,关键部位数据选定和匹配合理,档次划分清晰等优点,所以有利于企业准确设定相关服装产品的各档规格。服装规格在某种程度上讲就是服装号型在服装产品上具体运用的最终表象。

思考与练习:

1. 人体主要骨骼和肌肉的特征及其与服装结构设计的关系。

2. 人体测量基准点的确定方法,人体主要部位的测量方法。

3. 认识《服装号型》标准。

4. 测量作业:两人相互进行人体测量(附表 1)。

第三章　服装结构构成方法

服装是人体的外包装。因为服装所包装的是有呼吸、有思想、要运动的人而不是物,所以这就使服装结构设计的难度增大。根据纸样变化原理,设计出符合需求的各种服装结构,是服装设计者把握和设计服装造型的基本方法和手段。从纸样设计的规律来分析,获得这个手段的不外乎是从立体到平面,再从平面到立体的过程。

第一节　结构构成方法种类

服装结构中包含着多种构成方法,主要分平面构成和立体构成两大类。

一、平面构成

平面构成,指运用一定的计算方法,分析平面设计图所表现的服装造型结构组成的数量、廓形的吻合关系,通过某些直观的试验方法,将服装整体结构分解成基本部件的平面设计过程。平面构成方法具有简捷、方便、绘图精确的优点,但缺乏具实的立体对应关系,影响三维设计——二维纸样——三维成衣的转换关系的准确性,故在实际应用时常使用假缝——立体检验——补正的方法进行修正。

二、立体构成

立体构成,指直接在人体模型或者人体上铺放面料,通过拉展、剪切、折叠等方式进行款式造型设计的过程。由于是直接在三维人体或人体模型上操作,所以直观效果好,可以使设计提高到最佳状态。然而,立体构成同样有它的局限性。首先,在技术上增加了难度,因其动作的随机性大,对操作者的技术熟练度要求高;其次,立体采得基本纸样的人体模型必须是专业模型,操作过程要耗损大量面料,所以设计成本高;再次,立体

构成方法不适用于成衣化生产。

三、平面、立体相结合的构成

鉴于以上两种构成方法的各有所长,各国设计师常常采取折中的办法,即立体、平面兼用的方法,便于各自优势的发挥。结合的模式主要有以下三种:

(1)立体构成为主,平面构成为辅。在标准人体模型以立体构成技术为主,先形成三维布样,然后拓成二维的款式纸样,进行修正、推板的模式。

(2)立体构成、平面构成并重。款式简单的日常服装使用平面构成为主,立体检验,然后修正、推板;款式复杂的服装使用立体构成为主,平面修正的模式。

(3)以平面构成为主,立体构成为辅。对所有的服装都采用先二维平面构成进行制板,然后裁制样衣进行立体检验,修正、推板。

美国、欧洲等西方发达国家多采用第一种模式,日本多采用第二种模式,并以逐渐向第一种模式发展,东方的发展中国家多采用第二种或第三种模式。我国目前的服装工业还处于成衣化阶段,快速、实用的平面方法还是我国工业化服装结构设计中的主要方法,所以本书对此方法着重介绍。

第二节　平面结构构成方法

在服装的平面构成中,可以按照其应用的广泛程度分为原型法(间接法)和非原型法(直接法)两种。

一、原型法(间接法)

按不同国家及使用惯例,原型法又分为不同

类型与流派（如日本文化原型、登丽美原型、东华原型等），但其基本原理是一致的，都是以符合人体基本状态的最简单的基形为基本型。然后按照款式需要在基本型上进行剪切、拉展等调整来实现服装造型。

这种方法相当于把结构设计分成了两步：第一步，考虑人体的形态，得到相当于人体表面展开体的基本型；第二步，运用设计者自身所具有的美学经验及想象力在原型上进行款式结构设计，最终得到服装结构图。

不同流派的原型法中，日本文化式原型以其采寸少、制图容易且日本人体体形与我国人体体形相似，在我国被各大服装院校广泛使用。日本文化式原型选择人体净胸围和背长作为基础尺寸，也是非常科学的。因为女性的胸围包含了内部肺脏的呼吸量及外部乳房的高耸量，在上身所有部位中最具活动的可变性。以可变部位的数据为参数，推导出相应不变的部位，保证了这些部位不再受任何变量的干扰。

二、非原型法（直接法）

非原型法（直接法）制图具有制图直接、尺寸具实的特点。其方法种类可分为比例法和实寸法两种。

比例法是一种较为直接的方法，是根据人体的基本部位（身高、净胸围、净腰围）与细部之间的比例关系，求的各细部尺寸用基本部位的比例形式表达的方法。这种方法减少了绘图步骤，对尺寸控制更直接，使得纸样绘制方便，适应于结构简单、款式比较固定的服装。但一旦服装款式变化丰富，采用的推算公式有偏差，就容易引起服装造型不准确。

实寸法是以参照特定的服装为基础，通过测量该服装的细部尺寸作为服装结构制图的细部尺寸或参考尺寸的方法，在我国服装行业中也叫"剥样"。这种方法简便易行，在制作来料、来样加工贸易的服装企业中应用广泛。其缺点是结构设计缺乏创新性，容易造成低附加值的服装产品的产生。

从比例法到原型法，再到立体裁剪，各种基本设计方法都在不断发展，并且相互渗透。比例法简单易懂，原型法避开了人体的复杂形状，立体裁剪直观性强。设计者在进行服装结构设计时应扬长避短，优势互补。将不同的服装构成方法根据不同要求灵活运用。将服装平面构成理论和服装立体构成实践相结合是服装结构设计发展的新方向。

思考与练习：

1. 平面构成与立体构成的优缺点。

2. 直接制图法包括哪几种方法？这些方法的优缺点分别有哪些？

第四章　女装原型结构

第一节　人体曲面研究

合体服装的空间造型应该符合人体体形,那么常用的二维服装材料是否能达到这样的要求呢,是怎样达到这样的要求的? 要回答这些问题需要分析人体表面的结构特点及服装材料的特性。

服装的造型应该符合人体体形,越合体、紧身的服装其造型与人体体表的空间曲面的相似程度越好,服装的结构设计也就是利用平面的服装材料去模拟立体的人体体表曲面。

人体体表曲面是很复杂的空间曲面,各部位高低起伏不均匀,不可能完全展开成平面。为了便于服装的结构设计,可以将人体体表划分成不同的区域,使划分出来的每个区域起伏平缓均匀或可近似展开成平面,这样就可以利用服装材料对人体体表进行模拟。人体最复杂且最重要的部位是躯干部,下面着重分析躯干部的曲面划分及其平面展开的结构特征。

人体躯干部由腰围线分成胸腔部和腹腔部,其中有颈围线、胸围线、腰围线、臀围线、肩线、臂根围线、侧缝线等基本结构线。除此之外,还可以确立一些特殊的结构线,根据人体横切面形态,可以发现在一些位置曲率很大(如图 4-1 所示),经过这些位置点可以设定以下特殊结构线:前中

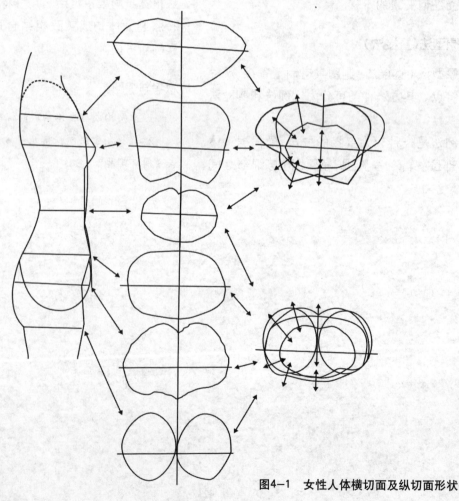

图4-1　女性人体横切面及纵切面形状

线、后中线、胸峰线、前侧线、后侧线、肩胛骨线。前、后中线分别位于人体前、后部的中央，将人体分为左、右两个对称的部分；胸峰线是经过人体乳头点的纵向结构线；前侧线是经过前腋窝点及髂骨棘点的纵向结构线；后侧线是经过后腋窝点的纵向结构线；肩胛骨线是经过后背肩胛骨最突出点的纵向结构线。上述的这些结构线都位于人体躯干部高低起伏变化大的位置，它们将人体体表划分成若干个起伏较平缓的曲面。服装的平面结构就是根据这些曲面的平面结构特征进行设计的。

服装的功能要求有两个方面：一是静态时对人体做贴切的覆盖；二是动态或静态姿势变化时能适应人体皮肤的伸缩变化并仍能完成保持覆盖人体的作用。我们可以利用面料的一维弯曲性、剪切性、二维或三位弯曲性（如图4-2所示），通过对衣片的结构设计、省缝设计及宽松量设计等方法对人体进行拟合以满足服装的功能性要求。其中衣片结构设计就是根据人体表面的结构线设计衣片的平面结构图，对人体表面作分块拟合。这样就出现了上装、下装，上装又分为衣身、

衣袖、衣领等，下装分为裙、裤等。省缝设计是将面料对人体某些局部起伏面进行拟合的造型方法，如胸省、腰省、腹省、肩省、肘省等。宽松量设计是根据人体尺寸对衣片尺寸或面积进行适当增减以满足服装穿着的功能性要求。如为了适应人的呼吸让上衣成品胸围适当大于人体胸围尺寸；利用高弹针织面料制作紧身服装，必须使服装在无张力作用下的尺寸小于人体尺寸，才能达到要求。

人体曲面可以通过立体取样进行有限元分割，展开得到平面展开图，其具体方法为：

（1）在选作研究对象的标准人体上画投影网线（3cm网格），这种网线应该能被原样翻制下来。

（2）用石膏翻模人体曲面。

（3）将模上翻下的网格曲面转换成外形相同的平面小块。

（4）将各小块按照纵横向分别拼排展开于平面上。

展开方法有两种，即单轴展开法（横或纵向展开）和双轴展开法（以两个平面坐标为基础展

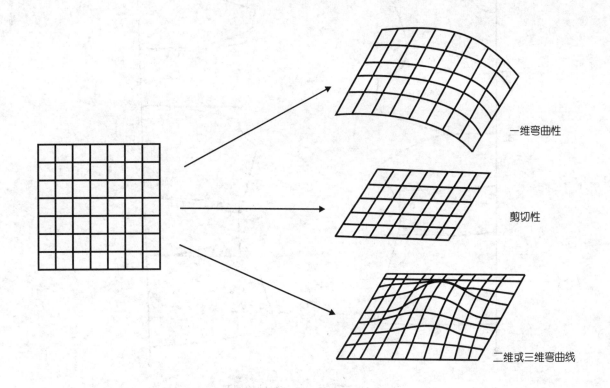

一维弯曲性

剪切性

二维或三维弯曲线

图4-2　面料的弯曲性、剪切性

开）。图 4-3~4-6 为最复杂的标准成年女性躯干部曲面展开的结果。

1. 以前、后中线为纵轴的展开（如图 4-3）

块片的纵向线依次并列,在身体的凹进部位（腰部）的块片出现横向重叠,凸出部位(胸部和肩胛骨部位)的块片出现横向分离。

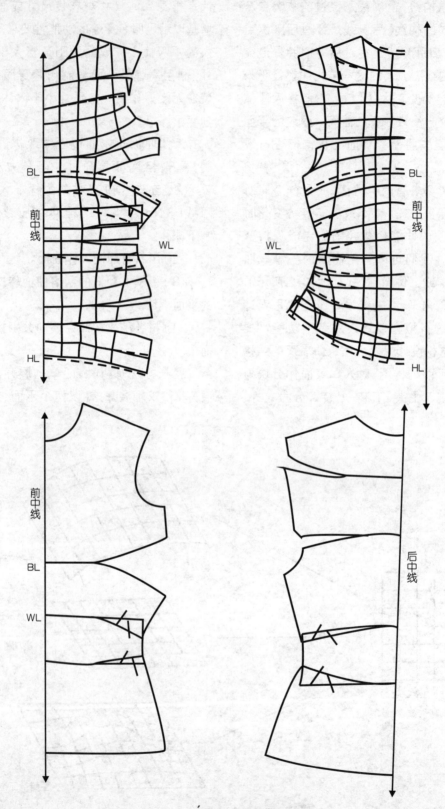

图4-3　以前、后中线为纵轴的展开

2.以腰围线为水平轴的展开(如图 4-4)
块片的横向线依次并列,纵向出现分离或 空白,其位置主要集中于乳头点处和肩胛骨部位。

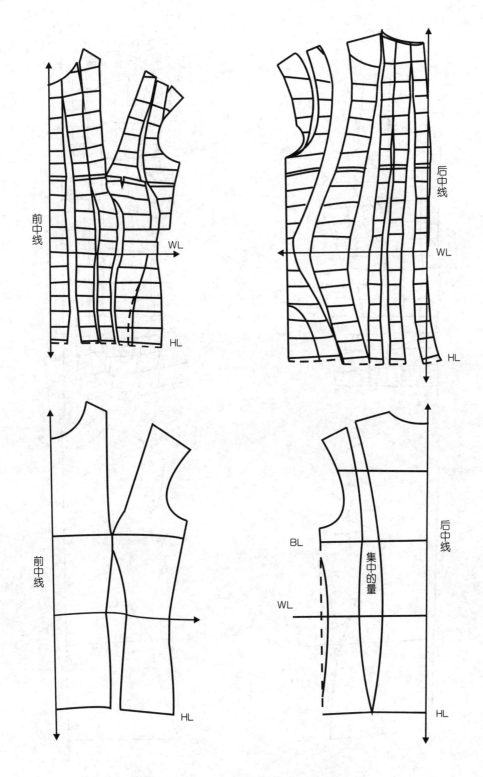

图4-4 以腰围线为水平轴的展开

3.以前、后中线及腰围线作为纵横轴的双轴展开(如图4-5)

展开时尽量减少块片相互重叠或留出空白，这样只在前衣身袖窿处出现空白，腰围线处则有明显凹进，其余部分空白分散。

4.以前、后中线为纵轴，前衣身以胸围线为横

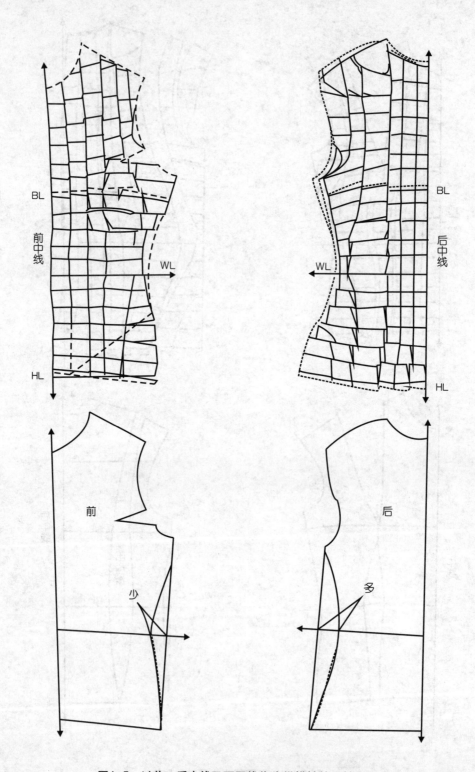

图4-5 以前、后中线及腰围线作为纵横轴的双轴展开

轴,后衣身以过肩胛凸的水平线为横轴展开(如图 4-6)

前衣身胸乳点上下,后衣身的肩胛骨部位有较为集中的纵向分离,其余部分块面排列整齐完整。

以上是对标准成年女性躯干部以不同的标准展开,得到形态不同的平面结构图,但每种展开结国都有共同之处,就是从人体的最突出点起(前身位于乳头点,后身位于肩胛骨部位)形成了逐渐分开的类三角形的空白,只是它们的方向各有不同,这些分离部分的位置、方向以及大小就是设计服装结构线及省缝的依据,依照上述的人体体表曲面展开图形便可以制作服装的基本结构图即服装原型。

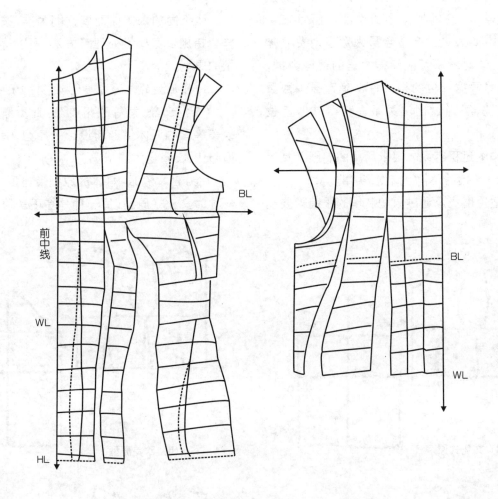

图4-6　以前、后中线为纵轴,前衣身以胸围线为横轴,后衣身以过肩胛凸的水平线为横轴展开

第二节　女装原型的选择

人体曲面展开图中的结构线以及分离部位都与人体曲面上设定的结构线相对应,位于人体曲面的特殊位置或者起伏变化大的部位。服装结构线就是以人体上的这些结构线为准进行设计的。根据人体曲面展开图可以得到服装原型纸样,它能准确的体现人体形态特征,并且可以极富逻辑性的款式结构变化进行各类服装的结构设计,如通过对原型进行收省、分割、抽褶、折叠、放缩量设计等各种结构变化,便可形成所需的服装纸样。

原型是服装纸样设计的基础图形,是最基本也是最简单的纸样,是一切款式的基础,是服装的"基本型"。原型是服装结构制图的过渡形式，并非结构制图的最终形式。

一、原型的必备条件

能作为原型的纸样必须具备以下四个条件：

（1）需要测量的部位尽量少。要制作合体的服装，需要测量人体各部位的尺寸，但如果测量的部位因素过多，加上测量者的技术和测量工具的误差等，会增加作图的难度。而且在工业化生产中要大量生产适合最大数量消费者需求的服装，这时就不可能测得大量的部位数据，应该科学的根据部位的相关性来确定最少数量的基本部位，再通过比例关系去获得其他部位的尺寸。

（2）作图过程容易。要求所用的制图工具简单，基本尺寸的运算科学、简便、实用。

（3）适用度高。通过原型制作的服装既要能满足人体静态的美观要求，又要能满足人体运动的舒适性功能要求。然后在满足这两个条件的基础上做到适穿者的范围最广泛化。

（4）应用、变化容易。原型不但要求绘制容易，而且在进行各种款式的纸样设计时，要求原型变化方法要简单、易懂。

二、原型的分类

以不同的人体曲面展开图为准，按一定的纸样化措施及宽松量处理等方法，可以得到不同类型的原型。

1. 按原型的流派分类（如图4-7）

（1）英、美、意等欧州流派：此类原型是根据欧美等国的人体体形而设计的原型，适合人体曲面起伏大、省量大的情况。

（2）日本流派：日本的原型最典型的有二种，一种为文化式原型，另一种是登丽美原型。日本

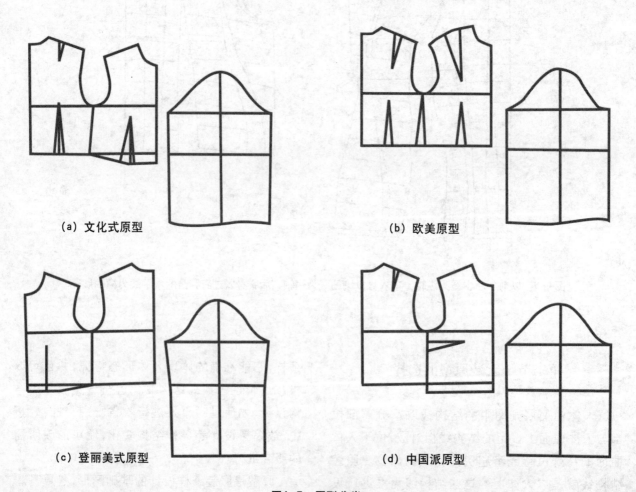

（a）文化式原型　　　　　　　　　（b）欧美原型

（c）登丽美式原型　　　　　　　　（d）中国派原型

图4-7　原型分类

的服装原型是在对人体进行大量测试后推出的计算公式,并在长期的实践中通过对众多人的穿着测试进行多次修改、改正形成。由于日本人体体形与我国的人体体形较接近,原型的差异程度小,故日本的原型可以为我们所用。从尺寸规格来看,文化式原型的规格以 S、M、ML、L、LL 分别表示小、中、中大、大、特大的系列号型,同国际成衣标准相吻合,登丽美规格只用小、中、大表示(见附表 2)。

（3）中国派:我国目前原型种类也较多,都是20 世纪 80 年代我国服装界借鉴日本原型,再结合我们自己的平面裁剪方法总结出来的。包括服装母型裁剪法、梅式原型直裁法、中国旗袍板型法等。

按流派分类的各类原型的放松量、测量部位以及适用范围都有所不同(见表 4-1),但结构大体类似,并且可以按照一定的逻辑方法进行相互转化。

2. 按原型的适用部位分类

按原型的适用部位进行分类,可以分为上衣原型、袖原型、裙原型、裤原型。

3. 按原型的性别或年龄分类

分为男装原型、女装原型、童装原型。

表 4-1　不同流派原型的测量部位、放松量及适用范围

原型类别	胸围放松量(cm)	测 量 部 位	适用范围
文化式原型	10	胸围、背长	设计衬衫、春秋衫等版型结构
登丽美式原型	8	胸围、背长、胸宽、背宽、肩宽、领围、胸高、前腰节长	
中国派原型	10～12	胸围、领围、胸点距离、胸高、背长	设计宽松外衣、大衣等版型结构
欧美原型	10	胸围、腰围、臀围、中臀围、背宽、臂围、领围、肩宽、肘围、腕围、衣长、背长、袖笼深、袖底缝长、臂长、胸高等	设计胸部丰满及立体感强的贴体服装版型结构

三、衣身原型的立体形态

二维的面料围裹在三维立体的人体表面上,要达到合体要求,总会在局部产生不同程度的浮起余量。对整体衣身浮起余量的处理方法不同,就会产生箱形原型和梯形原型两大原型类型。进一步根据前、后衣身浮起余量的不同消除方法,可以把衣身原型立体形态进行组合,分为以下六种(如图 4-8 所示):

1. 箱形原型

箱形原型是指前、后衣身都为箱形的原型。由于前衣身在袖窿处(或腋下、肩缝)收省道,胸围线呈水平状,前、后衣身便呈自然垂直状;后衣身在肩缝处收省,肩胛骨部位以下呈垂直状,前、后形如箱形。

2. 梯箱形原型

它是指前衣身为梯形,后衣身为箱形的原型。前衣身的乳突量全部移到腰围线处,形成梯形状;后衣身在肩部收省,肩胛骨部位以下呈垂直状,形如箱形。第六代日本文化式原型的衣身原型即为此型。梯箱形的构成原理是将胸部上方多余面料作为胸省转移至腰线处成为松量,胸围线呈下移状态。前衣身为梯形的原型前胸省非常大,考虑了客观和实际设计的需要,为设计者提供了胸部造型变化的最大可能。其中包括前浮起余量、前身胸腰差量和限定的设计量。

3. 贴体形原型

贴体形原型是指前、后衣身都为贴体形的原型。前衣身在袖窿处(或腋下、肩缝)收省,胸点以

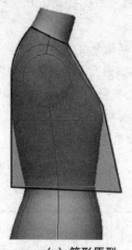

（a）箱形原型

（b）梯箱形原型

（c）贴体形原型

（d）梯形原型

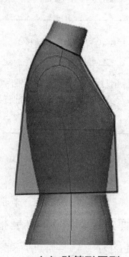

（e）贴箱形原型

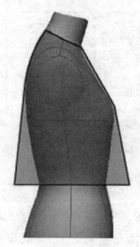

（f）箱梯形原型

图4-8　各种女装衣身原型立体造型

上完全贴合在人台上，胸点以下则是沿人台顺势而下收省，完全贴合在人台上；后衣身在肩部收省，肩胛骨部位以下顺势而下收省道完全贴合在人台上。第七代日本文化式衣身原型即为此型。

4. 梯形原型

梯形原型是指前、后衣身都为梯形的原型。

5. 贴箱形原型

贴箱形原型是指前衣身为贴体形，后衣身为箱形的原型。

6. 箱梯形原型

箱梯形原型是指前衣身为箱形、后衣身为梯形的原型。

四、箱形原型和梯形原型的关系

将箱形原型的平面图和梯形原型的平面图重合后可以看出彼此间的相互关系,如图4-9所示。

(1)箱形原型的胸围一般大于梯形原型的胸围。

(2)箱形原型的袖窿宽A略大于梯形原型的袖窿宽B。

(3)箱形原型BL以上的浮起余量以袖窿省(或肩胸省)的形式进行处理,将其关闭使其量转移到腰省,便可以转换为梯形原型。反之亦然。

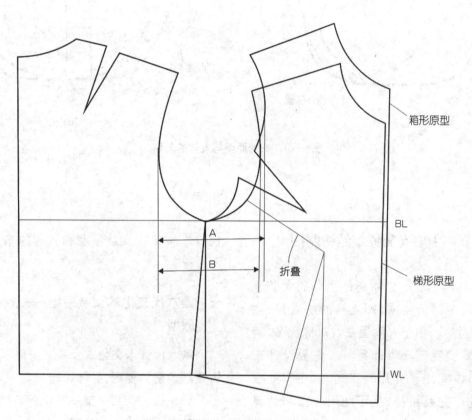

图4-9 箱形原型和梯形原型的关系

五、衣身原型与人体的关系

(1)衣身原型胸围与人体胸围:图4-10中,(a)图中的粗实线为贴体包覆人体胸围的线,即是测体时的净胸围,(b)图中的粗实线为衣身原型的胸围,既是在净胸围的基础上加上了松量。衣身原型的松量构成主要是在前后两部分:前部松量在BP至前腋点之间;候补松量构成在后腋点周围。

(2)衣身原型腰节长与人体腰节长:衣身原型的前后腰节长分别与人体计测得到的实际前后腰节长相等。

(3)衣身原型领窝与人体颈根围:原型领窝对应于人体颈根围。

(4)衣身原型袖窿深与人体腋窝深:原型袖窿深应该比人体腋窝深的位置稍低2cm左右,以形成基本的间隙量,或者将袖窿深定在胸围线上。

(5)衣身原型的前胸宽、后背宽与人体前胸宽、后背宽:原型的前胸宽、后背宽与人体前胸宽、后背宽相等。

(6)衣身原型肩斜角与人体肩斜角:女装原型的前肩斜角为22°,后肩斜角为17°。原型的前后肩斜角是在人体计测得到的肩斜角的基础上进行修正的结果。

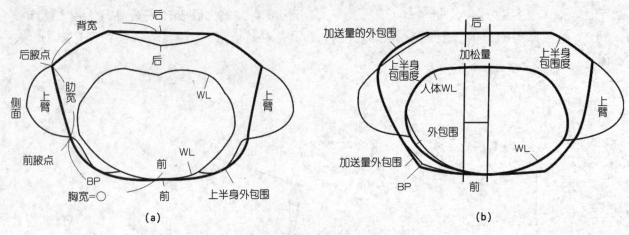

图4-10　衣身原型与人体的关系

第三节　主要女装原型结构制图

　　无论是英国、美国、日本还是我国的女装原型，都是由五个部分组成，即上身的前后片、袖片和裙子前后片。由于人体呈左右对称状态，因此，原型只需要完成一半即可。当需要设计左右不对称和中间线不分开的款式时，在实际应用中必须完成完整纸样，绝不能用想象和估算代替。

　　英式女装的原型是按照服装种类划分的，大体上分为合适套装原型、贴身服装原型和适合弹性面料的原型，后两种原型都是在套装原型的基础上加以修正得到的。美式女装原型是按照年龄阶段划分的，大体上分为青年型和少女型两种，青年型原型用于发育较成熟的女性，少女型原型用于体形较小的女性。通过纸样基本原理和方法的学习，完全可以用较有代表性的原型应用到不同类型和不同年龄阶段成年女性的纸样设计中。

　　关于英式女装原型和美式女装原型的绘制过程，本书不作介绍，仅在附录3和附录4中分别给出英式套装原型和美式青年型女装原型。本书主要详细介绍第六代日本文化式女装原型、第七代日本文化式女装原型和我国的东华原型的制图过程。

一、第六代文化式女装原型——衣身原型与袖原型

　　第六代日本文化式女装衣身原型的立体构成方法是前部为梯形，后部为箱形。

　　1. 文化式女装原型纸样绘制的必要尺寸

　　日本文化式女装原型的规格：日本文化式女装原型有自己的规格系列，规格分为S、M、ML、L、LL五个型号，具体参考尺寸见附表2。

　　第六代日本文化式女装原型是按照人体的净胸围、背长这二个具体数值来进行比例分配，并绘制完成的，其原型内含有10cm的基本胸围放松量。制图状态为人体的右侧着装状态。这里制图尺寸采用"日本最新女装规格和参考尺寸"里面的M号作为制图尺寸，净胸围B=82cm，背长LW=38cm，袖长=52cm。

　　2. 衣身基本纸样绘制步骤

　　1）基础线（如图4-11所示）

　　（1）画长方形：作宽为B/2+5cm（放松量），高为LW的长方形。长方形的右边线为前中线，左边线为后中线，下边线为腰辅助线。

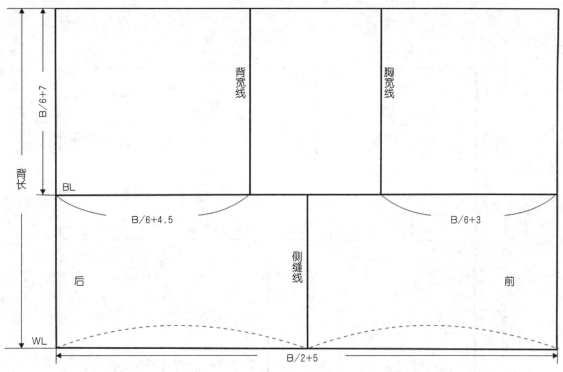

图4-11 第六代日本文化式女装衣身原型的基础线

（2）画基本分割线：从长方形上边向下量取
B/6+7作该线的平行线，为衣身原型的袖窿深线。
在袖窿深线上，从后中线往前量取B/6+4.5作垂
线交于长方形上边线，此为背宽线；在袖窿深线
上，从前中线往后量取B/6+3作垂线交于长方形
上边线，此为胸宽线。在袖窿深线的中点向下作
垂线交于腰辅助线，此线为前后片的分界线——
侧缝线。

2）轮廓线（如图4-12所示）：

（1）确定后领窝弧线：从后中线顶点往前中
方向量取B/20+2.9cm确定后领窝宽，在后领窝
宽上取1/3（B/20+2.9cm）为后领窝深，最后用平
滑的曲线连接两点，完成后领窝弧线。

（2）确定前领窝弧线：从前中线顶点往后中
方向量取（B/20+2.9cm）-0.2cm为前领窝宽，
往腰辅助线方向量取（B/20+2.9cm）+1cm为前
领窝深，作矩形。在矩形左下角的平分线上取(1/2
前领窝宽-0.3cm)作为前领窝弧线辅助点，从前
领窝宽线与长方形上边线的交点往下移0.5cm确
定前颈侧点，最后用圆顺的曲线连接前颈侧点、辅
助点和前颈点，完成前领窝弧线。

（3）确定后肩线：在背宽线上从上顶点往下
量取1/3（B/20+2.9cm）作一长为2cm的水平
线段，确定后肩点。然后，连接后颈侧点和后肩点，
完成后肩线，该肩线中含有1.5cm宽的肩胛省。

（4）确定前肩线：在胸宽线上从上顶点往下
量取2/3（B/20+2.9cm）作一水平方向的射线，
在射线上确定一点（前肩点），使得该点与前颈侧
点间的线段长为（后肩线长-1.8cm），此线即位
前肩线。

（5）确定袖窿弧线：在背宽线上取后肩点至
袖窿深线的中点为后袖窿弧线辅助点之一，在胸
宽线上取前肩点至袖窿深线的中点为前袖窿弧
线的辅助点之一。在胸宽线与袖窿深线的外夹
角平分线上，取背宽线到前后片分界线间距离的
1/2为前袖窿弧线辅助点之二，在背宽线与袖窿
深线的外夹角平分线上，取背宽线到前后片分界
线间距离的1/2+0.5cm为后前袖窿弧线辅助点
之二。分界线与袖窿深线的交点为袖窿弧线的辅
助点之三。最后，用顺滑的曲线绘出袖窿弧线。

（6）确定胸点、腰围线及侧缝线：在前片袖窿
深线上取胸宽的中点，以此中点为基准，向后衣

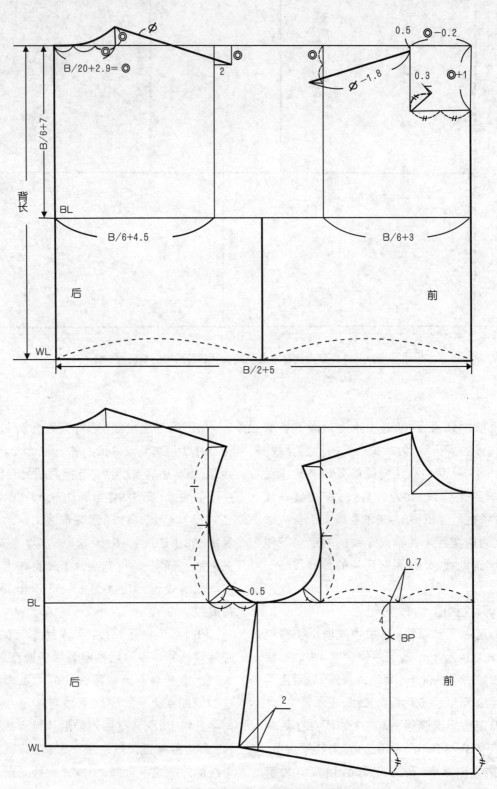

图4-12 第六代日本文化式女装衣身原型的完成线

身方向移 0.7cm，向下移 4cm 得出的点即胸点（BP 点）。过 BP 点作一条竖直线交于腰辅助线，再往下延长 1/2 前领窝宽为乳突量，同时，前中线同样延长此量。从腰辅助线与前后片分界线的交点向后身方向移 2cm 定出一个点，然后根据此点分别作出实际侧缝线和新的腰围线。

（7）确定前后袖窿符合点：在背宽线上，肩点至袖窿深线的中点下移 2.5cm 处，在后袖窿弧线上水平作对位记号，此记号为后袖窿符合点；在胸宽线上，肩点至袖窿深线的中点下移 2.5cm 处，在前袖窿弧线上水平作对位记号，此记号为前袖窿符合点。

至此，第六代日本文化式女装衣身原型绘制完成。

3. 袖子原型绘制步骤（如图 4-13）

（1）确定前、后袖窿弧长：以侧缝线为分界线，在衣身纸样上分别量取前、后袖窿弧长（FAH、BAH），袖窿弧长 AH=FAH+BAH。

（2）确定袖山高、袖长及袖肥：作一条竖直线，长度等于袖长，此为袖中线，以袖中线顶点为基点向下量取 AH/4+2.5 为落山线，确定袖山高。以袖中线顶点为基点向左量取 BAH+1cm 交于后落山线，确定后袖肥；以袖中线顶点为基点向右量取 FAH 交于前落山线，确定前袖肥。

（3）确定内缝线、袖肘线、袖摆基准线：从袖肥两端垂直向下至袖中线同等长度为前、后袖内缝线。连接前、后袖内缝线下端点，确定袖摆基准线。在袖中线的中点下移 2.5cm 处作水平线交于前、后袖内缝线，确定袖肘线。

（4）确定袖山弧线：把前袖山斜线四等分，靠近袖山顶点的等分点作向外垂直线凸起 1.8cm，靠近前内缝线的等分点作向内垂直线凹进1.3cm，

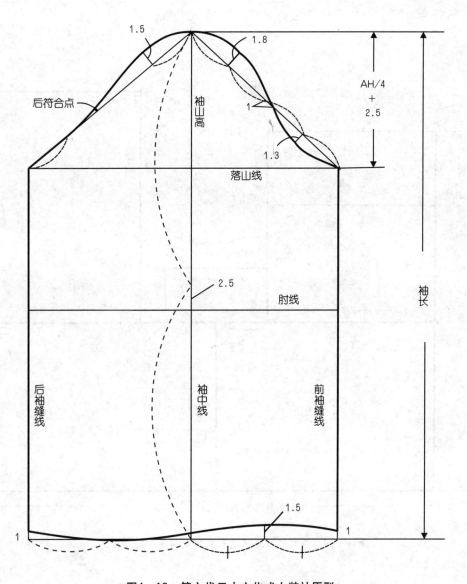

图4-13　第六代日本文化式女装袖原型

在斜线中点顺斜线下移 1cm 为前袖山弧线的转折点。在后袖山弧线上，靠近顶点处取前斜线 1/4 长的位置作向外垂直线凸起 1.5cm，靠近后内缝线处取其同等长度作切点。至此完成包括袖山顶点在内的八个袖山弧线辅助点，最后，用平滑的弧线把这些基准点连接起来，完成袖山弧线。

（5）确定袖摆曲线：分别把前、后袖摆基准线二等分，在前袖摆中点向上凹进 1.5cm，后袖摆中点为切点，袖摆两端，分别向上移 1cm，至此确定袖摆曲线的四个辅助点（不包括袖中线与袖摆基准线交点），用顺滑的 S 形曲线把这四个点连接起来，完成袖摆曲线。

（6）确定袖符合点：袖子后符合点取衣身原型后符合点至前后片侧缝点之间的弧长 + 0.2cm；袖子前符合点取衣身原型前符合点至前

后片侧缝点之间的弧长 +0.2cm。

二、第七代文化式女装原型 —— 衣身原型与袖原型

第七代日本文化式原型是贴体形原型，和第六代文化式原型一样，是以净胸围和背长尺寸进行比例分配、制图。女装原型的着装状态也为人体的右侧着装状态。绘图尺寸参照"日本最新女装规格和参考尺寸"中的 M 号。

1. 衣身基本纸样制作步骤

1）确定基础线（如图 4-14）

（1）确定后中线，腰辅助线：作长为 LW 的竖直线，该线为后中线。以后中线的下端点为起点，水平向右作长为 B/2+6cm 的线段，即为腰辅助线。

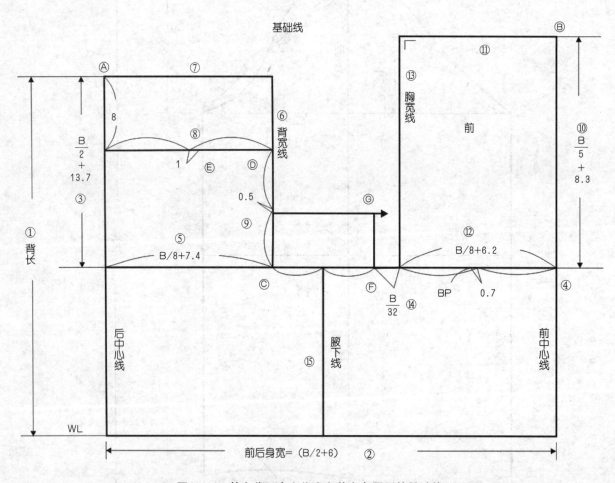

图4-14　第七代日本文化式女装衣身原型的基础线

（2）确定袖窿深线、前中线：从后中线顶点竖直往下量取 B/12+13.7cm 作垂线与要辅助线等长，此线即为袖窿深线。以袖窿深线的右端点为基点竖直向上量取 B/5+8.3cm 确定一点，连接此点与腰辅助线的右端点，确定前中线。

（3）确定胸宽线、背宽线及背宽横线：在袖窿深线上，分别从前、后中线起量取 B/8+6.2cm 和 B/8+7.4cm 作向上垂线，靠近前中线的垂线顶点与前中线顶点等高，靠近后中线的垂线顶点与后中线顶点等高，这两个垂线即为胸宽线和背宽线。从后中线顶点竖直向下量取 8cm 作垂线交于背宽线，此线即为背宽横线。

（4）确定其他辅助点、线：取背宽横线的中点向右 1cm 确定点 E；在背宽横线与袖窿深线的中点处往下 0.5cm 向右作一水平射线；在袖窿深线上从胸宽线向左移 B/32 确定 F 点，向上作垂线交水平射线于 G 点，然后取此垂线与背宽线的中点做一竖直线交于腰辅助线，即为腋下线；在袖窿深线上取前中线至胸宽线的中点并向左移 0.7cm，确定 BP 点。

2）完成轮廓线（如图 4-15）：

（1）确定前领窝弧线：在前中线上端点水平往左移 B/24+3.4cm 作向下垂线；在前中线上端点竖直下移（B/24+3.4cm）+0.5cm 作向左

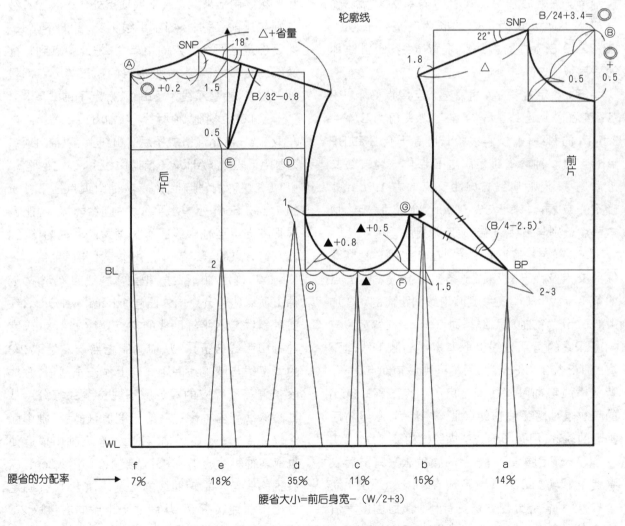

图4-15 第七代日本文化式女装衣身原型的完成线

垂线，交于刚才的向下垂线，确定前领窝宽及前领窝深。连接两垂线的交点与前中线上端点，并把线段三等分，在靠近垂线交点的等分点处沿线下移 0.5cm 确定领窝弧线辅助点。然后，用平滑的弧线连接颈侧点、辅助点和前颈点，确定前领窝弧线。

（2）确定后领窝弧线：从后中线顶点取（B/24+3.4cm）+0.2cm 为后领窝宽，在后领窝宽上取 1/3（B/24+3.4cm）为后领窝深，至此确定了后颈点和后颈侧点。最后用平滑的曲线连接两点，完成后领窝弧线。

（3）确定前肩线：以前颈侧点为基点，作一与水平向夹角为 22° 的斜线交于胸宽线并延长出去 1.8cm，此斜线即为前肩线。

（4）确定后肩线：以后颈侧点为基点，作一与水平向夹角为 18° 的长为前肩线长加上（B/32-0.8cm）的斜线交于背宽线，此斜线即为后肩线。

（5）确定袖窿省、肩胛省：连接点 G 和 BP 点，然后以此连线为基准作与之夹角为 B/4 - 2.5cm 的斜线段，使斜线段长度等于点 G 和 BP 点的连线。袖窿省确定。过 E 点作一竖直线交于后肩线，沿后肩线方向距交点向右 1.5cm 处确定一点，再过来 B/32-0.8cm 确定另一点，把这两点分别与 E 点连接，确定肩胛省。

（6）确定袖窿弧线：分别在背宽线与袖窿深线的交点及点 F 处引出一条角平分线。在 F 点的角平分线上取背宽线到腋下线间距离的 1/3 加上 0.5cm 为前袖窿弧线辅助点之一；在背宽线与袖窿深线的角平分线上取背宽线到腋下线间距离的 1/3 加上 0.8cm 为后袖窿弧线辅助点之一。背宽横线与袖窿深线间距离的中点下移 0.5cm 的点也是袖窿弧线辅助点之一。最后，参照前后袖窿的轨迹，用圆顺的线条描绘出袖窿弧线。

（7）确定腰省：本原型的腰省总宽 = 前后衣身宽 -（W/2+3），共分配成 a、b、c、d、e、f 六个省，这种省道分配方法更有利于胸腰围度差值的立体体现。a 省的省尖点是在 BP 点竖直向下 2cm ～ 3cm 处；b 省的省尖点是在 F 点水平向右 1.5cm 作竖直线与袖窿省的交点处；c 省的

省尖点即腋下线与袖窿深线的交点；d 省的省尖点是在背宽横线与袖窿深线间距离的中点下移 0.5cm 左移 1cm 处的点；e 省的省尖点是 E 点向左 0.5cm 作竖直线交于袖窿深线，从交点上移 2cm 最终确定的；f 点的省尖点是在过后中线的背宽横线与袖窿深线间距离的中点处。确定后各个省尖点后，根据从 a 到 f 的 14%、15%、11%、35%、18%、7% 的分配率确定各省。

至此，第七代文化式女装衣身原型的绘制完成。

2. 袖子原型的制作步骤

如图 4-16 所示，袖子的制图需要根据衣身袖窿的形状进行绘制。

（1）确定袖山高：把转移掉袖窿省的衣身袖窿形状绘制出来。在腋下线顶点处作一条竖直线分别与过前、后肩点的水平线相交，并向下延长。然后确定这两个交点的中点，并把此中点到袖窿深线的距离六等分，靠近肩点的第五等分点即是袖山顶点，袖窿深线为落山线，确定了袖山高。

（2）确定袖肥、袖肘线：以袖山顶点为基点向左取 BAH+1cm+ ★交于后落山线上；以袖山顶点为基点向右取 FAH 交于前落山线上，确定袖肥。

（3）确定其他辅助线：从袖山顶点往下袖长的 1/2+2.5cm 处作水平线为袖肘线。从袖肥两端垂直向下至袖中线同等长度为前后袖内缝线。在六等分点的第二等分点处作一水平辅助线。

（4）确定袖山弧线：把前修斜线四等分，靠近袖山顶点的等分点向外凸起 1.8cm ～ 1.9cm，在前袖斜线与水平辅助线的交点处往上 1cm 确定前袖山弧线转折点；从前袖肥止点向左量取 2/3 的背宽线与腋下线间距离向上作一垂线段，垂线段长度等于相应的靠近腋下线位置的等分点从袖窿深线到前袖窿弧线的长度值，确定了袖山弧线辅助点之一；在后袖斜线上，靠近袖山顶点处也取前袖斜线的 1/4 向外凸起 1.9cm ～ 2cm，在后袖斜线与水平辅助线的交点处往下 1cm 确定后袖山弧线转折点；从后袖肥止点向右量取 2/3 的背宽线与腋下线间距离向上作一垂线段，垂线段长度等于相应的靠近腋下线位置的等分点从袖窿深线到后袖窿弧线的长度值，确定了袖山弧

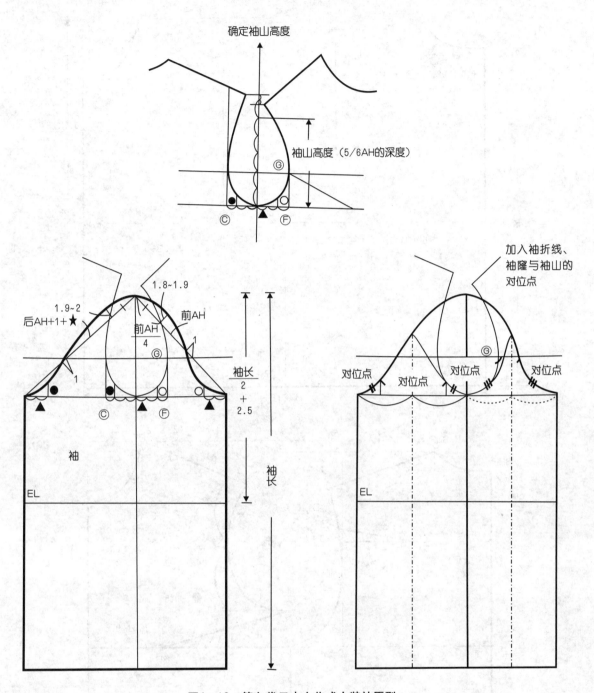

确定袖山高度

袖山高度（5/6AH的深度）

1.9~2
后AH+1+★

1.8~1.9

前AH

$\dfrac{前AH}{4}$

G

1

袖长

$\dfrac{袖长}{2}$
$+2.5$

袖

EL

加入袖折线、
袖窿与袖山的
对位点

G

对位点　对位点　对位点　对位点

EL

图4-16　第七代日本文化式女装袖原型

线辅助点之一。最后用平滑的弧线把所有的辅助点连接起来，往常袖山弧线。

（5）确定袖摆线：连接前、后内缝线的下端点，完成袖摆线。

三、东华女装原型——衣身原型

东华原型是箱形原型，是将人体细部与身高、净胸围的回归关系进行简化作为平面制图公式制定而成的中国箱形原型，是以净胸围、身高和背长尺寸进行比例分配、制图。女装原型的着装状态也为人体的右侧着装状态。东华原型没有袖原型。本书所用的东华原型绘图尺寸参照"日本最新女装规格和参考尺寸"中的 M 号（如图4-17所示）。

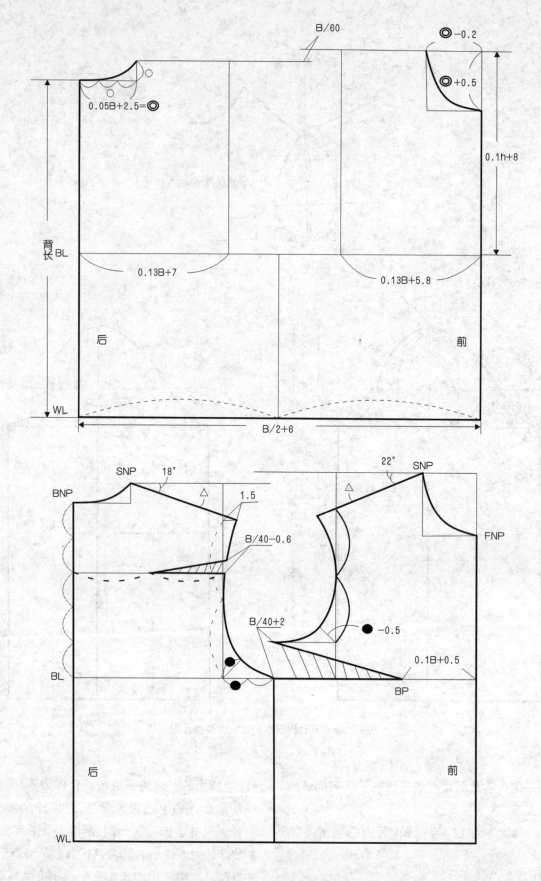

图4-17 东华原型

50

1. 基础线

（1）确定腰围线、后中线：作长为背长（LW）的竖直线，该线为后中线；以后中线的下端点为起点，水平向右作长为 B/2+6cm 的线段，即为腰围线。

（2）作前中线：以腰围线的右端点为起点，作一竖直线，该线为前中线。

（3）确定后领窝弧线：以后中线的顶点为起点，绘制一条长为 0.05B+2.5cm 的水平线段，该线段为后领窝宽。在后领窝宽上取后领窝宽的 1/3 作后领窝深，至此确定了后颈点与后侧颈点，最后用平滑的曲线连接两点，完成后领窝弧线。

（4）确定前领窝弧线：在后侧颈点水平线向上量取 B/60 为前中线顶点所在水平线。从前中线顶点分别横取后领窝宽 –0.2cm 为前领窝宽，竖取后领窝宽 +0.5cm 为前领窝深作矩形，交点分别为前侧颈点和前颈点，最后用顺滑的曲线连接前侧颈点与前颈点，完成前领窝弧线。

（5）作基本分割线：从前中线顶点向下量取 0.1h+8cm，垂直前中线引出袖窿深线（BL）交于后中线。在袖窿深线上，分别从前、后中线起取 0.13B+5.8cm 和 0.13B+7cm 作垂线段交于辅助线，两垂线段为胸宽线和背宽线。在袖窿深线的中点向下作垂线交于腰围线，该线为前后片侧缝线。

2. 完成线

（1）确定后肩线：以后侧颈点为起点，引出一条与水平方向夹角为 18° 的斜线，在斜线上取一个点，使得这点到背宽线的距离为 1.5cm，该点即为后肩线的肩端点。完成后肩线。

（2）确定前肩线：以前侧颈点为起点，引出一条与水平方向夹角为 22° 的与后肩线等长的斜线段，此线段即为前肩线。

（3）确定后袖窿弧线、后浮起余量：在背宽线上确定后肩端点至袖窿深线的中点为后袖窿弧轨迹之一，在背宽线与袖窿深线的外夹角平分线上，取背宽线到侧缝线间距离的 1/2 为后袖窿弧轨迹之二，然后用顺滑的曲线描绘出后袖窿弧线。在后颈点至袖窿深线间 2/5 处作水平线交于

后袖窿弧线，在该水平线的中点处引出一斜线段也交于后袖窿弧线，使得水平线与斜线在后袖窿处的间距为 B/40–0.6cm，此为后浮起余量。

（4）确定前浮起余量、前袖窿弧线：从前中线出发，在袖窿深线上取 0.1B+0.5cm 为 BP，以 BP 为起点绘制一条斜向上斜线段，使得斜线段长度等于 BP 至侧缝线距离，斜线段到侧缝线顶点的间距为 B/40+2cm，该值为前浮起余量。在胸宽线上取前肩线与胸宽线的交点至前浮起余量间距的中点为前袖窿弧轨迹之一，在胸宽线与前浮起余量水平外夹角的平分线上，取背宽线到侧缝线距离的 1/2 为前袖窿弧轨迹之二，然后用顺滑的曲线绘制出前袖窿弧线。

至此，完成东华原型纸样的绘制。

四、裙原型

本书所用的裙原型绘图尺寸参照 "日本最新女装规格和参考尺寸" 中的 M 号，涉及到腰围、臀围和腰长值，裙长不在其中，在应用设计时裙长是可以随意改变的。

裙原型制图步骤如下（图 4–18）：

1）作长方形：作长为裙长、宽为 H/2+2cm（放松量）的长方形。长方形的右边线是前中线，左边线是后中线，上边是腰围线，下边是裙摆线。

2）作基本分割线：从后中线的顶点向下取腰长作后中线的垂线，交于前中线，该线为臀围线。取臀围线的中点垂直上交于腰辅助线，下交于裙摆线，该线为前后片的分界线。

3）作裙原型侧缝线和腰曲线：从腰辅助线的两边分别向中间取 w/4+0.5cm，然后把剩余部分各三等分。在前后裙片的分界线与臀围线的交点上移 5cm，起弧，向上分别交于靠近腰辅助线中点的 1/3 等分点上，并起翘 0.7cm 完成前后裙片的侧缝线。从前翘点到腰辅助线上作下弧的曲线完成前裙片；在后中线顶点下移 1cm 为实际后裙长顶点，以此点过腰辅助线第一个等分点，并与裙后片的 0.7cm 翘点相接，完成后裙片。由于腰臀差的存在，完成的前后裙片腰线上各包含两份省量，由于臀凸的位置比腹凸低，所以后裙片的两个省长大于前裙片。

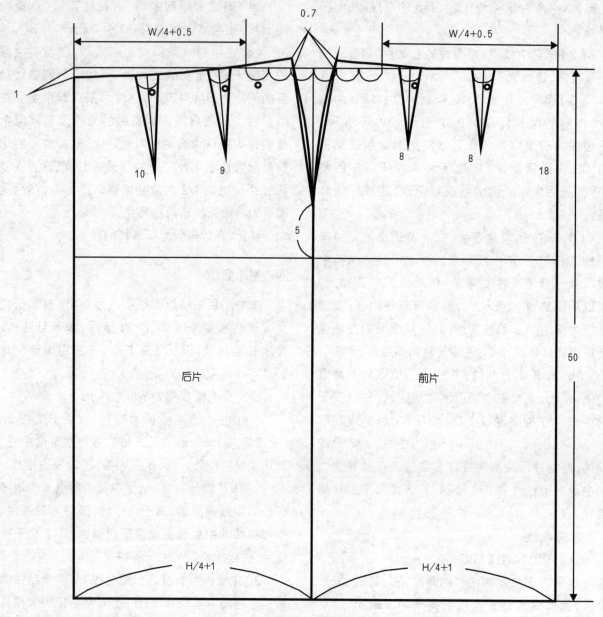

图4-18 裙原型

第四节 女装原型结构分析

一、原型关键尺寸的设定

1. 关于胸省和胸省使用量

从第六代文化式原型、东华原型和第七代文化式原型中可以看出,为胸乳所做的胸省量都很突出(第六代文化式原型前身下凸的梯形量就是胸乳所需的凸出量)。设定这么大的省量,是考虑到客观和实际的需要,为设计者提供了胸部造型变化的最大可能。在进行板型设计时,根据款式需要,可以使用这个省量的部分或者全部,甚至忽略。

关于如何运用这个省量进行设计,在后面的章节里专门讨论。这里需要说明的是第六代文化式原型的胸省量呈现在前身梯形下凸处,而东华原型和第七代文化式原型呈现在前身袖窿处。

2. 关于袖山高

原型的袖山高呈现的是中性的袖山高,这种性质表现出既符合基本纸样的合体要求,又能满足手臂活动的基本功能。虽然以上三种原型的袖山高具体尺寸有所不同,但相差不大,在不同的造型、功能、样式的要求下,三种原型的袖山都可以上下浮动。

二、三种原型的主要结构数据分析与对比

本书从以下几个方面对第六代日本文化式原型、第七代日本文化式原型及东华原型的结构图进行比较分析:原型的规格尺寸、松量、胸背宽与袖窿宽的平衡及分配比例、肩部尺寸与肩斜度、袖窿深度与腰节差、前后胸背突省量与衣身的平衡方式等。

以下以84cm的净胸围,38cm的背长作为参考数据,对三个原型的不同部位各种数值的设定进行比较、分析。

1. 三种原型规格比较

规格是进行任何服装结构设计的前提。通过量体所得的尺寸,然后加放一定的松量即作为服装的成品规格。或者直接从国家服装号型系列中查表得到。有些原型的规格尺寸较少,其他部位尺寸由规格推算。而有些原型,是采用短寸法量取人体各部位尺寸直接制图。净胸围和背长是所有原型的必备规格(如表4-2)。

从表4-2中可以看出,三种原型里面只有第七代文化式原型需要测量腰围。

2. 宽度尺寸比较与分析(表4-3)

1)放松量与成品胸围

量体所得数据均为净体尺寸,在确定服装规格时,一般围度部位需要加放尺寸,将这些加放

表4-2 各种原型规格表

规格 原型类别	身高	净胸围	松胸围	背长	肩宽	腰围	领围	其他
第六代文化式原型		✓		✓				
东华原型		✓		✓				
第七代文化式原型		✓		✓		✓		

表4-3 各种原型围度、宽度数据表 　　　　　　　　　　　　　(单位:cm)

规格 原型类别	松量/ 成品胸围	胸宽/ 占胸围%	背宽/ 占胸围%	袖窿宽/ 占胸围%
第六代文化式原型	10/94	17/18.09%	18.5/19.68%	11.5/12.23%
东华原型	12/96	16.72/17.42%	17.92/18.66%	13.36/13.92%
第七代文化式原型(不考虑省量)	12/96	16.7/17.39%	17.9/18.65%	13.4/13.96%

的尺寸统称为放松量。纸样加放松量主要有三个作用：第一是满足人体活动的需要，第二是为了容纳内衣层次的需要，第三是为了表现服装的造型效果。各原型加放松量是为了基本的呼吸及活动量需要。原型胸围的加放量一般为8~12cm，取10cm时平均空隙量为1.59cm。

从表4-3可以看出，东华原型、第七代文化式原型放松量较大，大于10cm，即空隙量大于1.59cm；第六代文化式原型放松量小一些，等于10cm。而对三个原型的结构图进行比较也可以看出，第七代文化式原型在胸围线处因省的存在，使实际胸围减小，实际空隙量也减小。为符合成衣趋于个性化趋势，方便款式变化，将原型的胸围放松量进行缩放设计是必要的。

2）胸、背宽与袖窿宽

人体测量时，胸、背宽尺寸指立正姿势时，左前（后）腋点经胸部（背部）至右前（后）腋点之间的距离。袖窿宽则为前后腋点的直线距离。在服装原型上表示时，胸、背宽距离为从前、后中心线量至胸、背宽线。而半胸围减去胸背宽尺寸就是袖窿宽尺寸（如图4-19）。

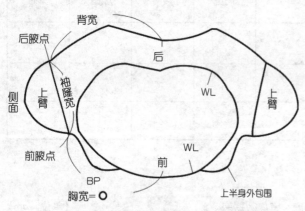

图4-19 水平断面重合图（俯视图）中所示的胸背宽、袖窿宽

胸、背宽与袖窿宽尺寸大小对于服装的合体性非常重要。在服装原型结构中，后背宽的尺寸应比前胸宽的尺寸大一些，这是从人体活动的需要出发，因为人的手臂活动主要是向前运动的。剔除省道对胸背宽尺寸的影响，第六代文化式女装原型胸、背宽尺寸大，余量较多。而东华原型及第七代文化式女装原型的尺寸较接近。袖窿宽

尺寸，东华原型和第七代文化式原型较大，约占全胸围尺寸的13.4%，第六代文化式原型袖窿宽偏窄，仅占全胸围的11.5%。

当然，胸背宽与袖窿宽尺寸不能完全根据上述胸围的百分比来决定。因为人体特征的多样性，很多胸围尺寸相同的人体，其厚度则不尽相同，而体形的厚薄程度是决定袖窿宽的主要因素。扁平体的体形较薄，胸背宽尺寸相应增加，袖窿宽尺寸减少；圆胖体的体形浑厚，胸背宽尺寸相对地减少，使袖窿宽增大。

3. 领部尺寸比较与分析（表4-4）

三种原型的后领宽都由胸围推算得出。在进行款式变化设计时，还应该根据领形适当调整。

4. 肩部尺寸比较与分析（表4-5）

1）前后总肩宽

前后肩宽由胸背宽＋冲肩组成。前后小肩一般相差0.5cm左右，人体尺寸以后量为主，为19.5cm~20cm，表4-4中第六代文化式原型、第七代文化式原型后肩宽均包含1cm多些的肩省量。

2）肩斜度

影响原型肩斜度的人体因素主要包括人体的肩斜度、肩部向前的倾度及肩部厚度与同一高度位置正中厚度的差值。另外，多数情况下，原型的肩线在设定的过程中通常会比人体肩棱线略偏前斜，从而造成原型前后肩斜度的变化。

肩斜度的确定有以下几种方法：

① 以后领深为单位，在胸、背宽线处下落1~2个后领深，如第六代文化式原型。

② 最直观的角度法。如东华原型、第七代文化式原型等。标准人体肩斜一般为前21°~22°，后18°~19°。

③ 运用比值法。以15:n、10:n的斜边作为肩斜，如登丽美原型、各种基型等。比值法可以转化为角度形式。前肩斜：常用15:6或10:4，转化为角度为21.80°；后肩斜：常用15:5和10:3.3，转化为角度为18.3°。

④ 利用落肩尺寸。比例法中的B/20、S/10等即是此法。

在以上的几种方法中，运用比值法或者角度

表4-4 各种原型领部尺寸表 （单位：cm）

规格 原型类别	后领宽计算公式	前/后领宽	前/后领深	领圈弧长
第六代文化式原型	B/20+2.9	6.9/7.1	8.1/2.37	19.58
东华原型	B/20+3	7/7.2	7.7/2.4	19.81
第七代文化式原型	B/24+3.6	6.9/7.1	7.4/2.37	19.37

表4-5 各种原型肩部尺寸表 （单位：cm）

规格 原型类别	半肩宽 （前/后）	肩斜（角度）（前/后）	小肩宽 （前/后/肩省）	冲肩 （前/后）
第六代文化式原型	18.6/20.5	20°/19°	12.4/14.2/1.5	1.55/2
东华原型	19.4/20	22°/18°	13.4/13.4	2.7/2
第七代文化式原型	18.3/20.8	22°/18°	12.3/14.1/1.84	1.7/2.5

法确定肩斜，可靠性和稳定性大，不会受胸围、肩宽、领围等规格的变化而产生波动。

3）前后肩宽

从理论上说，前后片肩线需要缝合，故应前后宽度相等。而实际款式中，后肩宽一般要大于前肩宽0.3cm~1cm，长出的部分称为后肩缝吃势。后肩缝吃势主要用来通过后肩缝的收缩，使背部略微鼓起，以满足人体肩胛骨隆起及前肩部平挺的需要。它的大小与面料的质地性能、省缝情况有关。面料质地紧密的，吃势少些；有后肩省或后覆势的，吃势少些。各原型根据自己的制作特点决定是否包含吃势量。表4-4中，前后肩宽差在0~1.8cm不等，已包含吃势在内。数值较大的后肩宽包含肩省。

5.袖窿、腰节尺寸比较与分析（表4-6）

1）袖窿弧长

表4-6 各种原型袖窿、腰节尺寸数据表 （单位：cm）

规格 原型类别	前/后 袖窿弧长	有效袖窿深	前/后 腰节长	腰节差	袖窿深	背长
第六代文化式原型	20.7/21.25	17.5	40.95/40.37	0.58	21	38
东华原型	21/23.25	20/17.3	41.8/40.4	1.4	21	38
第七代文化式原型（不考虑省量）	20.8/21.9	19.53	42.4/40.37	2.03	20.7	38

袖窿弧长（AH）与袖子的配伍问题是服装结构研究的一大课题。各种原型的总 AH 长度不同，但一般 FAH 小于 BAH 1cm~2cm（当前后胸围相同时）。有效袖窿深（指不包括落肩尺寸的前后袖窿深的取值）相当于人体平均肩高，一般为 17cm~18cm。东华原型后袖窿弧长包括 1.6cm 宽的肩省，第七代日本文化式原型有效袖窿深包括前胸省。东华原型没减去前后省时，肩点～胸围线距离为 20cm，减掉两省后为 17.3cm。

2）背长与前后腰节长

人体测量中，背长指第七颈椎点至后腰线的距离。在原型或服装制作时，首先一定要明确背长测量方法，进而在不同松度的服装制作时进行转化。

背长与前后腰节长的关系是：正常体形后腰节长＝背长＋后领深。女性前腰节长应大于后腰节长，前后腰节差的大小与胸部的挺度呈正相关关系。

第七代文化式原型的腰节差为各原型中数据最大者，该原型较适合于日本 29 岁以下的丰满型女青年。

思考与练习：

1. 简述原型的必备条件和不同类别原型的立体形态特征。

2. 绘制 1：5 的第六代和第七代日本文化式女装原型。

3. 分析、比较第六代文化式原型、东华原型和第七代文化式原型的结构特征。

第五章 女装衣身原型的省道设计

衣身是服装结构中最重要的部分。衣身覆盖于人体的躯干部位，由于人体躯干部分不是规律的，起伏变化明显，呈复杂的不规则立体形态。因此，要将二维的面料变成吻合人体特征的三维成品服装，需要进行转化。在服装结构设计中，通常运用收省、褶裥、分割等结构处理方法，来塑造出符合人体的三维服装造型。

第一节 女装衣身原型省道构成

省道是服装进行立体构成的重要手段，它解决了服装的浮起余量问题。其结构设计的依据是人体表面展开图中出现的分离部分。在服装上，很多部位的结构都可以用省道的形式来表现，其中应用最多、变化最丰富的是女装衣身的省道，尤其是前衣身的省道，它以女性人体的 BP 点为中心，为满足人体胸部隆起、腰部内凹的形体特征而设置的。省道能够体现人体胸腰的曲线。

一、省道的概念

所谓省道，是指为适合人体和服装造型需要，将一部分衣料缝去，以实现衣片曲面立体状态或者是消除衣片浮起余量的不平整部分。通俗地讲，衣身上的省道就是将平面的面料按一定的"三角形"缝制，形成与人体相符的立体造型。"三角形"的顶点对应人体的最突出点，"三角形"的两边即省缝边。

省道的造型特征决定于三个基本因素：

（1）省缝大小：指省缝边夹角的大小。其角度越大，形成的凸起越明显。

（2）省缝长度：指省缝边的长度。省缝边越长，形成凸起的范围就越广。

（3）省形：指省缝边的形状，不同的省形形成

不同形状的凸起（如图 5-1）。

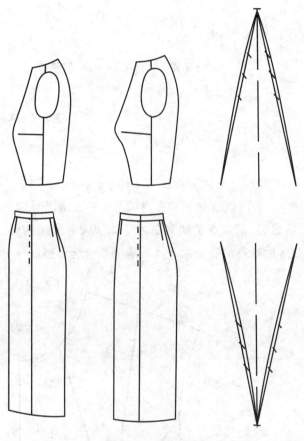

图5-1 不同省形

二、省道的分类与作用

1. 按省道的形态分类（如图 5-2）

（1）钉子省：省道形状类似钉子形状的省道，常用于服装肩部和胸部，如肩省。

（2）锥形省：省道形状类似锥形形状的省道，常用于圆锥形曲面，如腰省。

（3）菱形省：省道的形状是两端尖，中间宽，常用于上装的腰身。

（4）弧形省：省道形状为弧形状的省道，是一种兼具装饰性与功能性的省道。

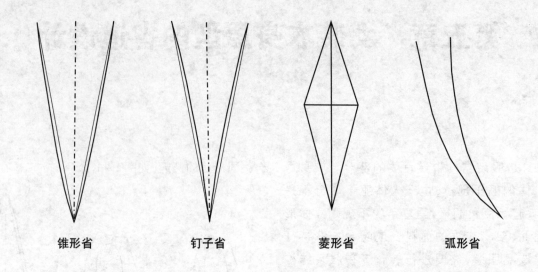

| 锥形省 | 钉子省 | 菱形省 | 弧形省 |

图5-2　常用省道形态分类

2. 按照省道所在服装部位分类（如图5-3）

（1）肩省：省底边在肩缝部位的省道。分前、后肩省，前衣身的肩省是为了体现胸部隆起的形态，后衣身肩省是为了体现肩胛凸凸起形态。

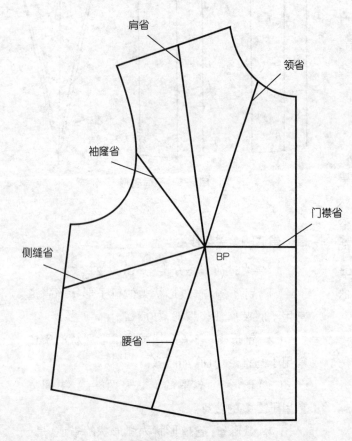

图5-3　省道部位分类

（2）领省：省底边在领口部位的省道。主要作用是体现胸部和背部的隆起形态以及作出符合颈部形态的衣领设计。它具有隐蔽的优点。

（3）袖窿省：省底边在袖窿部位的省道。分前、后袖窿省，前衣身的袖窿省体现胸部形态，后衣身的袖窿省体现背部形态。常做成锥形。

（4）侧缝省：省底边在衣身侧缝线上。

（5）腰省：省底边在腰节部位的省道。常做成锥形。

（6）门襟省：省底边在前中线上，由于省道较短，常被抽褶形式取代。

3. 省道的作用

从结构上考虑，省道主要有以下三个基本作用：

（1）省尖部位能形成锥面形态（经熨烫处理即变成柔和球面），使之更符合人体表面，如肩省、领省等。

（2）能调节省尖所在部位和省底边所在部位的围度差值，如西裤的后腰省就起到调节腰臀差的作用。

（3）通过省道设置，有利于实现连通目的。如设置胸腰省有助于上下身局部连通。

三、省道转移的原则

省道的转移设计是遵照凸点射线的形式法则进行的。

根据造型需要,一个省道通过转移可以分散成若干个小省道,也可以将一个方向的省道转移为另外一个方向的省道。因此,在运用原型进行纸样的省道转移时,应该要注意几个原则:

(1)省道转移后,新省道的长度和原省道的长度不同。这是因为BP不是位于前衣片的中心点,但是省道的角度不变,即每一方位的省道张角必须相等。但是由于服装面料具有很强的可塑性,因此实际收省角度比计算角度小,并且随着服装贴体程度的不同,收省量也随之不同,其收省的角度不变。

(2)如果新省道与原省道的位置不相连时,应尽量通过BP点的辅助线使二者相连,便于省道的转移。

(3)无论服装款式造型怎样,省道转移都要保证衣体的整体平衡,一定要使前、后衣片的纸样在腰节线处保持在同一水平线上。否则将会影响制成样板的整体平衡和尺寸的准确性。还应该注意将样板覆于面料上剪切时,要考虑到对织物经纬向的要求。

四、省道设计

1. 省道个数、形态、部位的设计

根据省道的分类可以知道,省道可以根据人体曲面的需要围绕BP或者肩胛凸进行多方位的省道设置。设计省道时,形式可以是单个集中的,也可以是多方位分散的;可以是直线形,也可以是曲线形、弧线形。

单个集中的省道由于省道缝去量大,往往形成尖点,影响外观造型;多方位的省道由于各方位缝去量小,使省尖造型较为平缓,美观性较好。但在实际应用中,还需要根据造型以及面料特性决定省道个数。

从理论上说,不同部位的省道能起到同样的合体效果,但实际上不同部位的省道影响着服装外观造型形态,这取决于不同的体形和不同的服

装面料。如肩省更适合胸围较大的体形,而胸省则更适合胸部较扁平的体形。

2. 省道量的设计

省道量的设计是以人体各截面的围度量的差值为依据的,比如腰省就是以人体胸围和腰围的差值为设计依据。围度差值越大,人体曲面形成的角度越大,二维面料覆盖于人体时产生的余褶就越多,省道量越大。

3. 省端点的设计

省端点一般与人体隆起部位相吻合,但由于人体曲面变化是平缓的而不是突变的,故实际缝制的省端点只能对准某一曲率变化大的部位,而不能完全缝制至曲率变化最大点上。

4. 省道的形式

根据服装造型的需要,衣身的省缝可以有两种形式:

(1)衣身省尖点对准人体隆起部位。这种省道形式使浮起余量可以全部或者大部分转移到省道中。多用于合身贴体类服装。

(2)衣身省尖不对准人体隆起部位。由于省道位置与人体曲面变化不相吻合,故这种形式的省道只能转移、接收少量的浮起余量,(一般前衣身浮起余量≤1.5cm,后衣身浮起余量≤0.7cm),否则就会产生第二个中心点。其多用于适体宽松类服装。

第二节　省道转移设计变化

省道的各种变化设计是服装结构处理的主要方法,它们可以消除平面的面料覆合在三维人体曲面上所产生的褶皱、重叠等现象,实现服装的平服、美观。省道的变化包括省道转移、褶裥设计、分割线设计等内容。

一、省道转移方法

所谓的省道转移就是指一个省道可以被转移到同一衣片上的任何其他部位,而不影响服装的尺寸和适体性。前衣身所有的省道尽管在缝制时很少缝至胸高点,但是在省道转移时,则要求所有的省道线必须或尽可能到达BP点。

省道的转移方法主要有下面三种。

1）量取法

把前后侧缝线差的量作为省道的量，用该量在腋下任意部位截取，省尖对准 BP 点（如图5-4）。作图时要注意省边要等长。

2）旋转法

以省端点为旋转中心，以其中一个省边线为不动边，另一省边线为动边，让衣身旋转一个省角的量，将省道转移到新省位处，省道总张角大小不变。（如图5-5，AA′为新省位）。

3）剪开法

在纸样上确定新的省道位置，然后在新的省

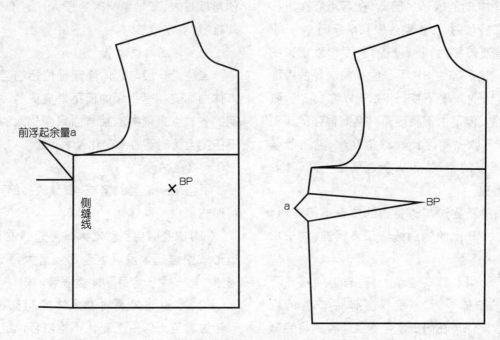

图5-4　量取法

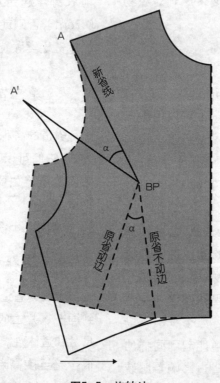

图5-5　旋转法

位处剪开,将原省道的两省边重叠使剪开的部位张开,张开量的多少既是新省道的量。新省道的剪开形式可以是直线的,也可以是曲线的,可以是一次剪开,也可以是多次剪开(如图5-6)。

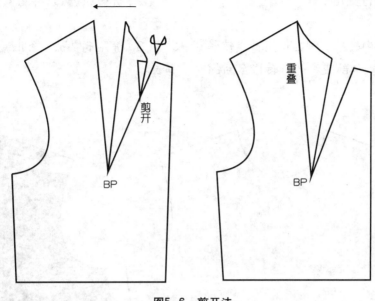

图5-6 剪开法

二、省道转移变化设计

省道的各种变化设计主要应用于女装。本书将以第六代日本文化式女装衣身原型为衣身转省原型模板进行省道转移设计,掌握女装结构设计的基础。其他原型的转省原理、方法同第六代文化式原型是一样的。袖原型和裙原型的变化设计将在女装及下装篇中介绍。

考虑到转省需要有原省,本书对第六代日本文化式女装原型进一步处理,把原型的前腰省、后腰省和肩胛省绘制出来(如图5-7)。第六代

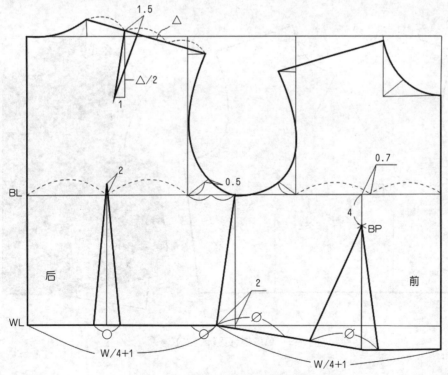

图5-7 第六代日本文化式原型的省道

文化式原型的前腰省包含了乳凸量和胸腰差值及一定的设计量,后腰省单纯只是胸腰差值。本书就根据这些省道进行变化设计。

1. 单省转移

指单个省道的集中转移。例如运用省道转移方法,将原型的前腰省全部或者部分转移至新的位置,形成一个新省道。如图 5-8、5-9 所示。

(1)在女装衣身原型上作出新省道。

(2)折叠原省道,并将其全部或者部分转移到新省道上。

(3)确定省尖点,修正新省道,使省道两边等长。

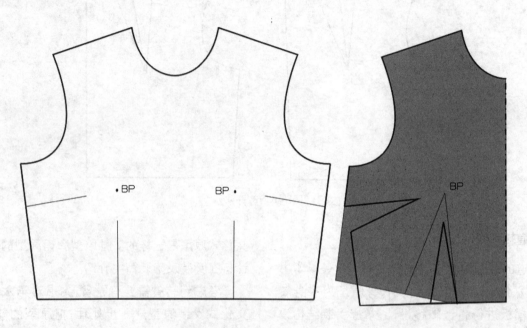

图5-8　单省转移设计(一)

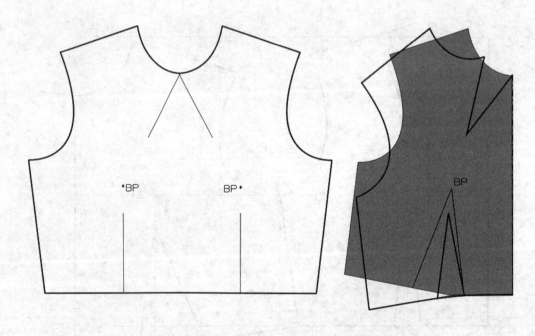

图5-9　单省转移设计(二)

2. 多省转移

运用省道转移方法,将原型衣身上的若干个省道分别转移至若干个新省位置(图5-10、5-11)。

(1)为了便于新省位的确定,当原省位妨碍新省位的确定时,首先将原省位转移为临时省位。临时省位的确定原则是只要不妨碍新省位的确定。

的确定。

(2)在形成临时省位的原型上作新省位线,并设法使新省位线都与BP点相连接。

(3)折叠临时省道,并将其转移到若干个新省道上。

(4)修正新省道,使省道两边等长。

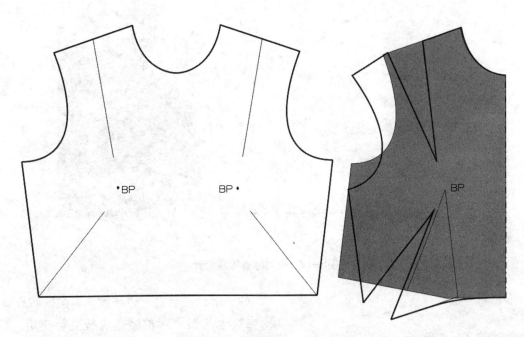

图5-10 多省转移设计(一)

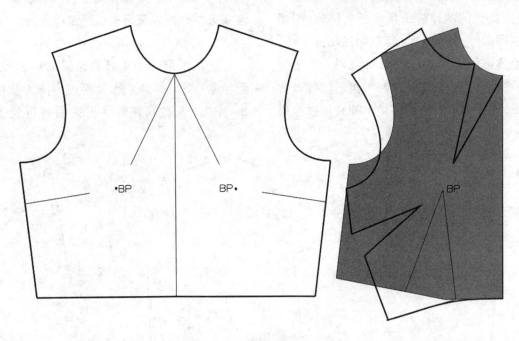

图5-11 多省转移设计(二)

3. 不对称省转移

以前中线为中心线的衣身左右两边的最终省道形状如果不对称,在进行省道转移时,要求对整片衣身进行综合考虑。如图5-12所示。

(1)根据款式特征,分析新省位线确定的先后顺序。

(2)按款式要求,在女装衣身全身原型上作出新省位线,并设法使新省位线都与BP连接。

(3)分别折叠左右身原省道,按一定先后秩序把省道转移到若干新省位线或分割上。

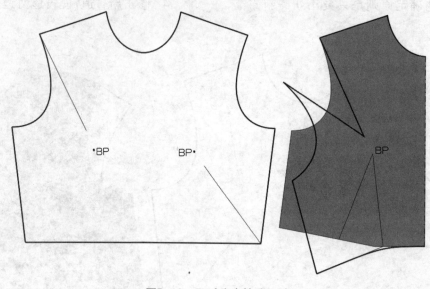

图5-12 不对称省转移设计

(4)修正新省道。

三、省道转移的实际应用

上面讲述的不管是单省转移还是不对称省转移,都是把胸腰间的浮起余量全部处理掉,即把前身的腰省用尽。这种设计可以叫做贴身设计,在理论上是可行的。然而,在实际应用中为了适应人们的生活环境、活动范围和审美习惯等多方面的要求,往往前腰省的转移用量都只用去全省的一部分甚至没有转移量。即使是贴身设计的款式,也习惯于对前腰省进行分解使用,这样能使造型更加适体丰满。因此,在实际运用原型进行省道转移时,主要有前腰全省的部分转移、前腰全省分解转移以及无省设计三种方法。

1. 前腰全省的部分转移

这是使部分省量转移至腰省位置以外的任何位置,剩余部分含在腰围线中成为放松量(图5-13)。这意味着转移出去的省量越多,款式

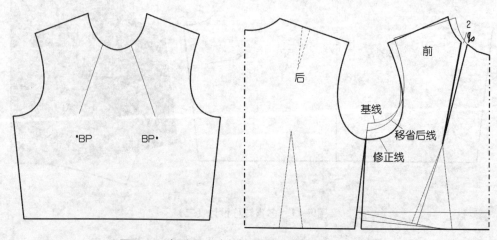

图5-13 部分腰全省转为领省,余下腰省忽略不计

就越贴身。一般部分省量转移以前衣片弯曲的腰线转移成水平线为准，即把乳凸量转移出去为准。例如图5-14所示，前腰全省中的乳凸量转移至袖窿，胸腰差值忽略成腰围放松量，原型的前腰位线变为水平线。

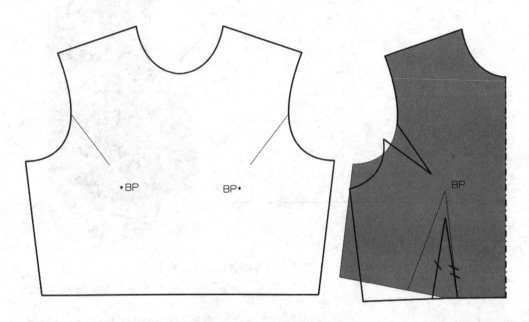

图5-14　前腰全省的部分转移

2. 前腰全省分解转移

转移方法类于上面讲过的多省转移。最简单的前腰全省分解转移，是把腰全省分解成两个省，并转移至其他部位。只要分解形成的新省张角总和不超过原来的腰全省，从理论上来说这种转移就是合理的。全省的分解转移具有很大的灵活性和应用范围。以下我们通过两个图例说明前腰全省转移（图5-15、图5-16）。

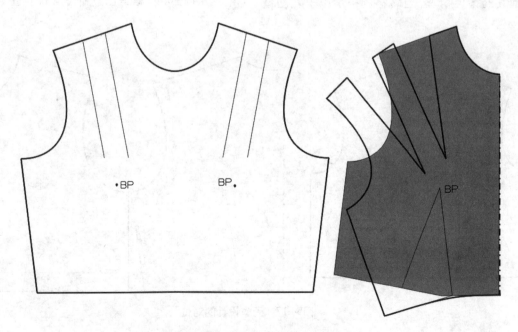

图5-15　前腰全省转为两个平行的前肩省

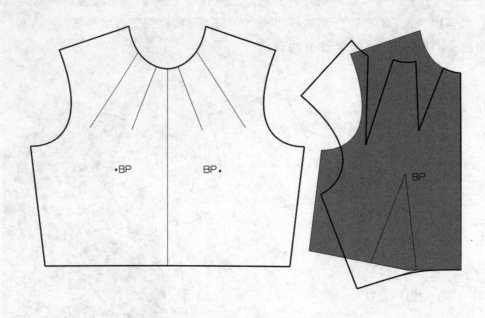

图5-16 前腰全省转为两个发散的前领省

3. 无省设计

梯形原型纸样的前后片腰线并不连贯在一条水平线上,前片腰线中部多出了乳凸量部分,处理掉乳凸量以后,前后腰线才能呈水平状态,前后片的侧缝线才能对齐。乳凸量不代表腰全省,它只是全省的一部分。对于腰全省来说,当转移的省量大于乳凸量时,就不会出现前后片腰位线和侧缝线的错位情况;当转移的省量小于乳凸量时,会出现前后腰位线和侧缝线的错位。出现错位情况时,原则上后腰位线要与前衣片最低的腰位线取平,使剩余的乳凸量仍然归于胸部,即要把客观存在的乳凸量保留。故对于无省设计的服装,出现前后侧缝线错位的情况,进行结构设计时,应以后衣片侧缝线为准,开深并修顺前衣片袖窿弧线,如图5-17所示。

由此可以总结出规律:从理论上讲,当衣身

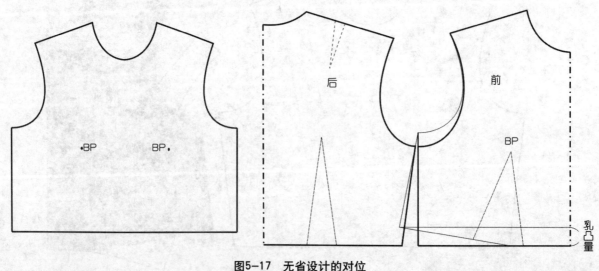

图5-17 无省设计的对位

转移的省量大于乳凸量，小于前腰全省省量时，前后腰位线的侧缝线对位能保持平衡，服装为贴身或半贴身设计；当转移的省量小于乳凸量时，应以前衣身最低腰位线为准，去掉袖窿处错位的部分，加深前袖窿。转移的省量越小，服装越宽松，袖窿开得越大，这是该结构变化的必然规律。

但在实际应用时由于造型的需要，使用乳凸量往往是保守的，否则会使胸部造型不丰满。因此在进行乳凸量转移时，无论前腰线剩余乳凸量有多少，后腰线都要以剩余乳凸量的一半作前后衣片实际腰位线的对位标准。这种规律特别适用于无省的服装结构设计，如图5-18所示。

总之，对于前衣片来说，不论是哪一种省道转移，转移支点都不能脱离BP点（只有乳凸量以外的一部分省量有机会脱离BP点）。

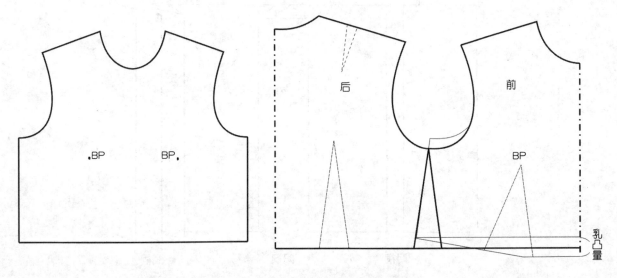

图5-18　无省设计前后对位的实际应用

第三节　褶、裥的结构与设计变化

为了使服装款式丰富、多变，不但可以对服装进行单纯的省道转移设计，也可以利用把省道转为褶、裥等方式进行服装造型。褶、裥设计能够增加外观的层次感和体积感，结合造型需要，使衣片不但适合于人体，而且给人体以较大的宽松量，又能作更多附加的装饰性造型，增强服装的艺术效果。

一、褶、裥分类

褶、裥是两种不同的结构类型。裥的造型一般是规律的，褶的造型随意性较强。

1.裥的分类

裥一般由三层面料组成：外层、中层、里层。裥的两条折边分别称为明折边和暗折边。一个裥可以由三层同样大小的面料组成，也可以由外层、中层、里层不同量的面料组成。裥的表现形式比省道活泼，能消除省道给人的刻板感觉。

打裥的结构处理方法实质上扩大了服装衣片的面积，将人体不可展曲面近似作为可展曲面。这种结构形式的采用扩大了服装结构设计的可能性。

1）按形成裥的线条类型分类

①直线裥：裥的上下两端折叠量相同，其外观形成一条条平行的直线。常用于衣身、裙片的设计。

②曲线裥：裥的折叠量由上至下渐渐变化，形成一条条连续渐变的弧线。这种曲线裥具有良好的合体性，能满足人体胸、腰、臀之间的曲线变化，只不过缝制及熨烫工艺比较复杂。

③斜线裥：裥的上下两端折叠量不同，但是

变化均匀,外观形成一条条分散的射线。常用于裙片设计。

2)按形成裥的外观形态分类(图5-19)

①阴裥:指同时相对朝内折叠,裥底在下的裥。

②阳裥:指同时相对朝外折叠,裥底在上的裥。

③顺裥:指向同一方向打折的裥,即可向左折倒,也可向右折倒。

2. 褶的分类

褶可以看做是由许多非常细小的裥组合而成。褶也可以是由省道转变而来的,但比省道形式宽松、多变、丰富。服装抽褶量的大小、部位和抽褶后控制的尺寸量由服装款式造型及面料的特性决定。其主要的分类有以下几种:

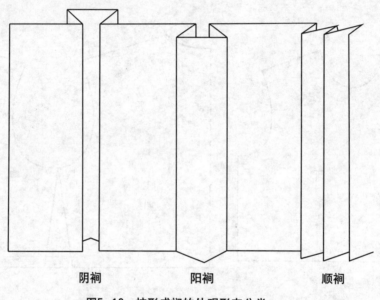

| 阴裥 | 阳裥 | 顺裥 |

图5-19 按形成裥的外观形态分类

1)按照抽褶的方向,褶可以分为水平褶和垂直褶。一般在指定部位出现。

2)按照抽褶的作用,可以分为功能性褶和装饰性褶。功能性褶是指褶量代替了省量起到合体作用,否则即为装饰性褶。

3)按照抽褶的外观形态,可以分为连续性褶和非连续性褶。将分割线贯穿衣身某部位所形成的褶为连续性褶;将分割线在某部位突然中断而形成的褶为非连续性褶。

二、褶、裥构成方法

服装结构设计中褶、裥的构成方法与省道转移方法类似。

1. 裥的构成方法

1)旋转法:确定打裥的部位,以BP点为中心,旋转衣身原型纸样,转出的省宽即为打裥的量。此方法适用于裥量为前身浮起余量的款式。

2)剪开法:在折裥量为前浮起余量的原型基础上,按照打裥的方向将纸样剪开,并根据款式要求,拉展出一定的折裥量。在打裥设计中,这种方法应用广泛。

2. 褶的构成方法

褶的构成方法与裥的构成方法类似,也分为旋转法和剪开法两种。

三、褶、裥的变化应用

1. 肩部褶设计

图5-20为肩部设计褶的款式。根据款式需要运用旋转法将前身乳凸量转移成打褶量,这个褶为功能性褶。这种设计增加了胸部的活动松量,具有适体、美观的功能。

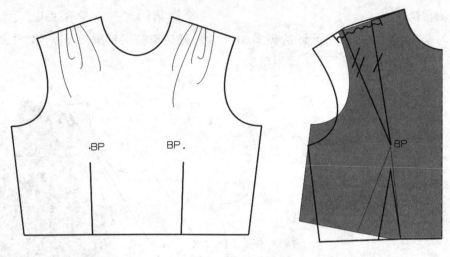

图5-20 肩部褶设计

2. 胸部多个顺裥设计

图 5-21 为衣身前胸设计多个顺裥的款式。根据款式要求设计裥的位置，先用旋转法转移部分乳凸量至折裥内，再运用剪开法拉展增加打裥量。

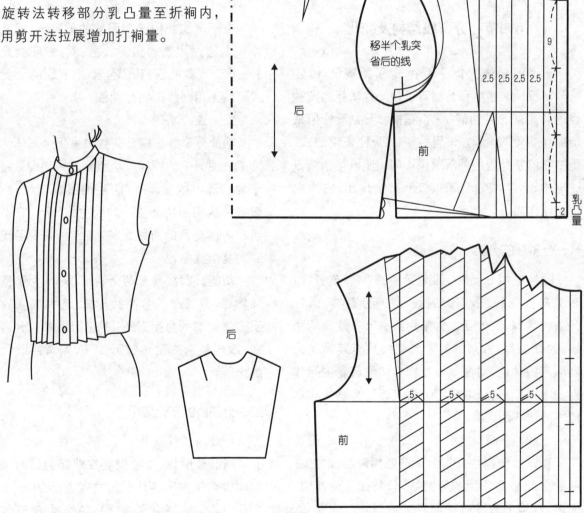

图5-21 胸部多个顺裥设计

3. 前衣身抽褶设计

图5-22为前衣身无省、抽褶设计的款式。根据款式需要将前腰全省忽略不计，运用剪开法根据褶的走向在腰围线处设定若干个剪切线，然后剪开、缩褶，形成褶量。

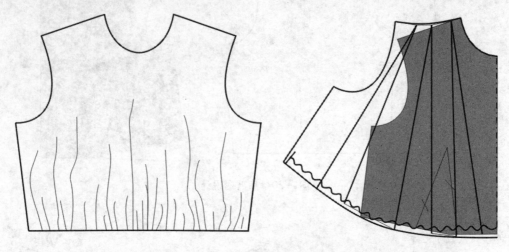

图5-22　前衣身抽褶设计

第四节　分割线结构及变化

省道的结构变化设计中，除了褶裥设计，还有分割设计。褶裥和分割可说是一种功能的两种表现形式，"一种功能"是指褶裥和分割设计所采用的结构原理相同，作用相似；"两种表现形式"是指它们所呈现的外观效果不同。所以与褶裥设计一样，分割线设计不仅仅有装饰作用，它也具有功能作用。

一、分割线的分类

服装结构设计中，服装分割线的形态多样，有纵向分割线、横向分割线、斜向分割线、弧形分割线等等，此外还常常采用具有节奏旋律的线条，如螺旋线、放射线等。分割线具有装饰和分割形态的功能，对服装造型和合体性起着主导作用。归纳起来，分割线可分为装饰性分割线和功能性分割线两大类。

1. 装饰分割线

装饰性分割线是指为了造型的需要，附加在服装上起装饰作用的分割线，分割线所处部位、形态、数量的改变会引起服装造型外观的变化，但不会引起服装整体结构的改变。

在不考虑其他造型因素的前提下，服装的韵律美是通过线条的横、弧、曲、斜，力度的起、伏、转、折与节奏的活、巧、轻、柔来表现的。女装大多喜欢采用曲线形的分割线。

2. 功能分割线

功能分割线是指分割线具有适合人体体形及加工方便的工艺特征。功能分割线的设计不仅在于要设计出款式新颖、美观的服装造型，还要具有多种实用的功能性。如公主线设计，它不仅显示出人体侧面的曲线之美，而且也减少了成衣加工的复杂程度。

功能分割线具有两个特征：一是为了适合人体体形，以简单的分割线形式，最大限度的显示出人体轮廓的曲面形态；二是以简单的分割线形式，取代复杂的湿热塑形工艺，兼有或取代收省的作用。

二、分割线的变化应用

1. 连省成缝设计

服装要贴体，往往需要在服装的纵向、横向、斜向等各向作出各种形状的省道，但在一个衣片上作过多的省道会影响成品的外观、工艺效率和穿着舒适度。结构设计中，在不影响款式造型的基础上，经常将相关联的省道用缝份来代替，称为连省成缝。连省成缝的形式主要有缝份和分割线两种，其中又以分割线为主。缝份的形式主要有侧缝、背中缝等。分割线的形式主要有公主线、刀背分割线、背育克线等。

进行连省成缝设计时，要遵循一些基本原则：

① 省道在连接时，应该尽量考虑连接线通过或接近该部位曲率最大的结构点，以充分发挥省道的合体作用。

② 纵向和横向的省道连接时，应综合考虑以最合适的路径连接，使其具有良好的工艺可加工性、贴体性和美观性。

③ 如果按照原来方位进行连省成缝不理想时，应先对省道进行转移再连接。转移后的省道应该指向原先的省尖点。

④ 连省成缝时，为了保证分割线光滑美观，应对连接线进行局部修正，而不一定要拘泥于省道的原来形状。

⑤ 连省成缝的面料应该具有一定的强度和厚度。过于细密柔软的面料容易产生缝皱现象。

连省成缝的分割线设计主要有以下几种：

（1）刀背分割线设计（图5-23）。

（2）公主线设计（图5-24）。

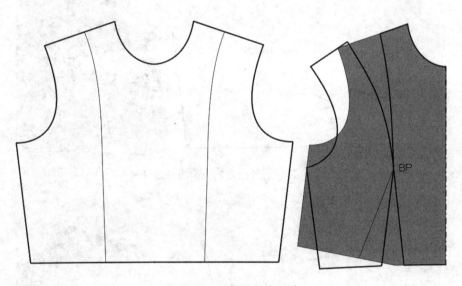

图5-23　刀背分割线设计

图5-24　公主线设计

（3）其他过BP凸点的分割线设计（图5-25、图5-26）。

2. 不通过凸点的分割线

在服装结构设计中，除了经过凸点的分割线设计，也有很多不通过凸点的分割线设计。例如，在进行前衣身的分割线结构设计时，应考虑是否要强调突出人体胸部曲线。如果不强调，应该结合无省的结构设计，前后衣片的对位应以前腰线乳凸量的1/2为准，将前袖窿错位部分修掉，不做乳凸省，分割线中应只包含胸腰差值；如果强调突出胸部造型，就要利用侧身结构线加乳凸省的组合设计，通过乳凸省的转移来取得前后腰线的平衡，袖窿深度保持不变。

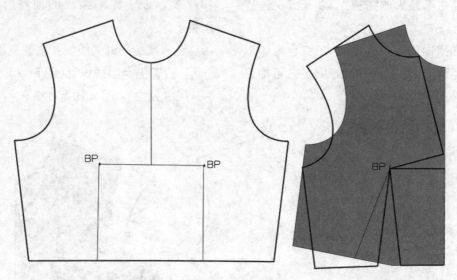

图5-25 其他过BP凸点的分割线设计（一）

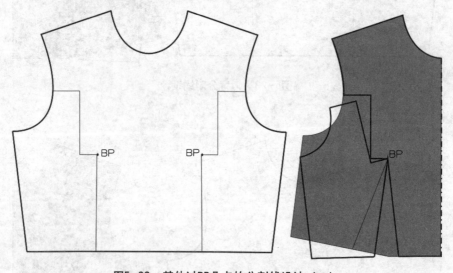

图5-26 其他过BP凸点的分割线设计（二）

第五节 省道变化设计的综合应用

进行结构设计时，如果综合省道转移、褶裥设计和分割设计，就会大大丰富服装造型的表现力。不过在综合结构中，分割线的主要作用是固定褶裥，褶裥成为造型主体，其作用仍然起到合身、运动和装饰的综合功能。一般分割线位置的设定，应该有利于褶裥的功能的充分表现。其设计的步骤,首先要按照款式图的设计要求在原型上进行分割,再通过省道转移或者切展的方法增加必要的褶裥量。以下本书通过几个例子加以说明。

例1:曲线分割的胸褶设计。如图5-27所示,本款的分割线是从颈侧点向下环绕胸凸外沿构成的曲线分割,并有作用于胸凸的通过省道转移和裁片切展形成的曲线缩褶。具体纸样设计见图5-27。

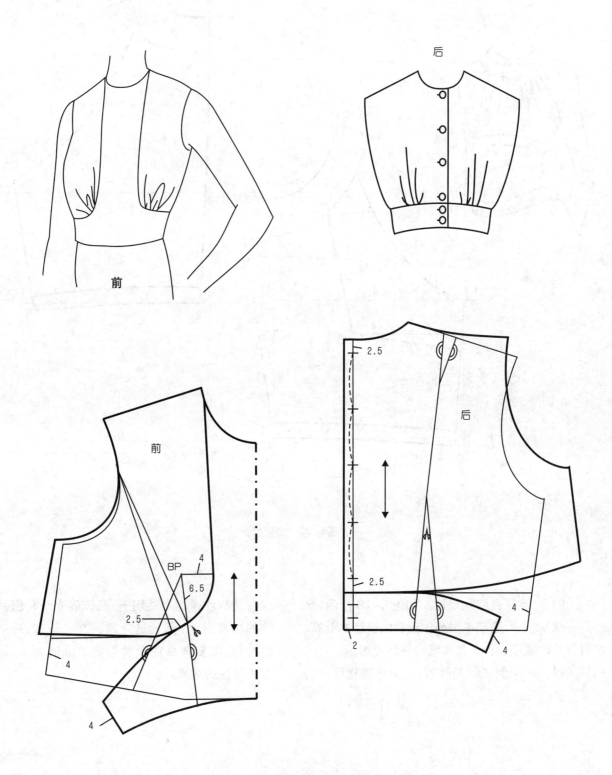

图5-27 曲线分割的胸褶设计

例 2：领褶设计。如图 5-28 所示，这是一款露脐装设计，分割线在领口处。主要通过省道的转移和纸样的展开增加前胸领省的抽褶量。具体纸样设计见图 5-28。

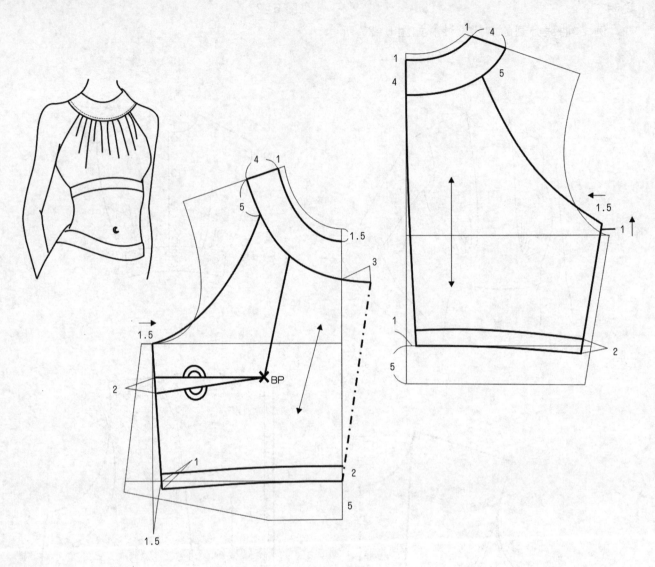

图5-28　领褶设计

例 3：腰育克胸褶设计。如图 5-29 所示，这是一款 V 字领、胸部下部分作分割线设计的上衣，胸部处作抽褶设计。具体纸样设计见图示。

以上三个例子都是转省、分割与缩褶设计的综合结构。通过上述例子，应该确立一种服装结构的功能意识：无论是分割、褶裥、转省，还是综合结构，都要建立在一种功能的价值之上，都要有其存在的意义。

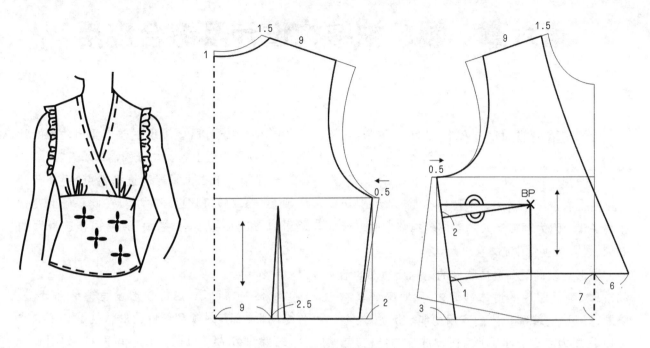

图5-29 腰育克胸褶设计

思考与练习:

1. 省道转移时应该遵循什么原则?

2. 掌握省道转移的几种方法应用。

3. 连省成缝的基本原则是什么?

4. 省道的设计练习(图5-30)。

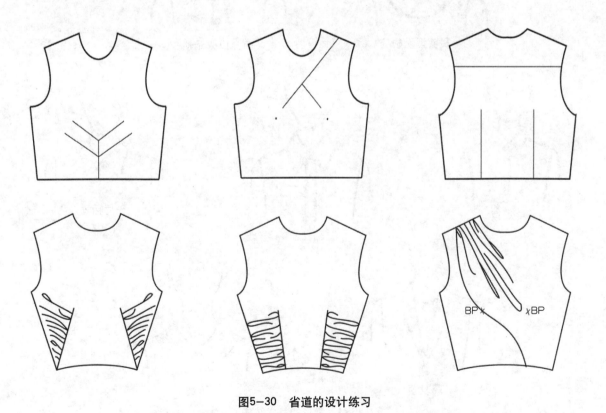

图5-30 省道的设计练习

第六章　领、袖结构设计及综合应用

第一节　领子结构设计

一、领形简介

在上衣造型中占主导地位的是"领袖"，其中领是关键，因为领接近人的头部具有衬托脸部的效果，是人的视觉中心。

领形的设计既要适合颈部的结构及颈部的活动规律，满足服装的适体性要求，同时又要具有防寒、防风、防暑等护体性实用功能。例如秋、冬季以防寒为主要目的，则领适宜选择高领，夏季为使人穿着透风凉爽，则更多选择无领款式。简言之，领形的设计既要满足生理上实用功能的需要，又要满足心理上审美功能的需要。

一般情况下根据领形的造型特点，将领分为无领、立领、翻领和坦领几大类，在此基础上变化还可以形成抽褶领、垂褶领、波浪领和连身领的变化造型。

1. 无领

也称为领口领，这种领形没有领身部分，只有领窝部分，并且领窝部位的形状就是衣领的造型，主要可分为开口型和贯头型两种，如图6-1所示。

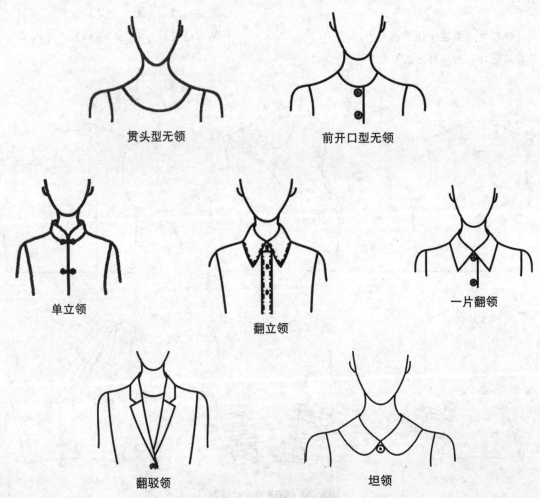

贯头型无领　　　　　　前开口型无领

单立领　　　　翻立领　　　　一片翻领

翻驳领　　　　　　坦领

图6-1　领形的基本结构

2. 立领

分为单立领和翻立领两种，其中单立领的衣领只有领座部分，翻立领的衣领包括领座和翻领两部分，如图6-1所示。

3. 翻领

分为一片翻领和翻驳领，翻领的领身分领座和翻领两部分，但两部分是用同料相连成一体，如图6-1所示。

4. 坦领

可以看成立领或者翻领的变形，其领座宽度一般为0~1cm，翻领宽度可自由设计，翻领和领座连在一起。

二、各种领形的结构设计

1. 无领的结构设计

无领结构设计的关键在于合理控制前后横开领差。从头顶透视，女性的肩背部是外弧形的，胸颈部是内弧形的，为了保证服装穿着在人体上前后领口部位平复，一般后横开领大于前横开领，以第七代文化式原型为例，第七代文化式原型的前后横开领的差值是0.2cm，穿着在人体上后，前领口略有松量，如果在此基础上制作无领款式的结构图，如图6-2所示，可以将原型的前后横开领差量调整到0.5cm左右，即将前横开领减小0.3cm，然后在原型前中心线的基础上向右平行绘制1.5cm（该宽度为扣子和锁扣眼的叠门宽度），如图6-2所示，这样服装穿着在正常体的身上，领口部位就会变得平整。

由于生理特征，女性胸部的乳凸形成了其体形优美的曲线变化，这一重要的体形特征构成了女装上衣造型的千变万化基础。而由原型纸样所制成的衣片在乳凸的周围会形成一定的虚空现

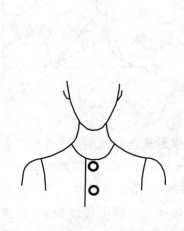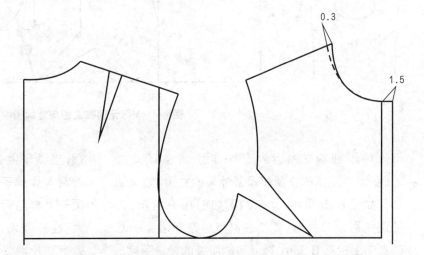

图6-2　以原型为基础的无领结构

象，如图6-3左图所示，所以对于开大领口的无领上衣，如图6-3右图所示，在开大的领口处由于乳凸周围的空虚而出现明显的浮余量，这需要将多余的量处理掉，以达到合体美观的造型效果。

一般绘制无领款式时，先根据款式图的领口造型在原型衣身上绘制新的领口线，绘制时需要注意两点：一是前后横开领的开大量要一致，二是当前领口开得较大时，需要将领口线处的浮余量用省道转移到其它部位或者用工艺归拢，转移后的后横开领与前横开领的差值一般控制在0.7cm以内。

如图6-4左图所示的款式，先观察其横开领与原型横开领的距离，这种距离可以用比例判断，也可以直接根据观察来确定，假设通过观察，该领形的横开领在原型的基础上沿肩线开大了2cm，直开领大约位于原型前领口与原型胸围线的1/2处，至于领口形态则完全根据款式图绘制，然后根据上述原理，在前领口处多收进0.3 ~ 0.5cm的省道，如图6-4中图所示，省道转移后，后横开领比前横开领大0.7cm，如图6-4右图所示。

2. 立领的结构设计

立领做为装领的基本类型，可以根据其领侧

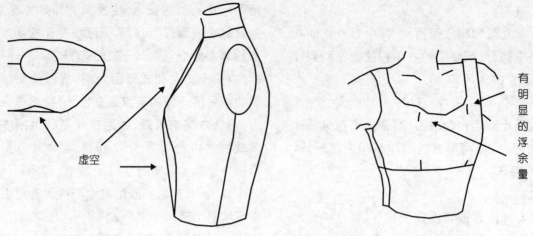

图6-3　开大无领与胸部形态的关系

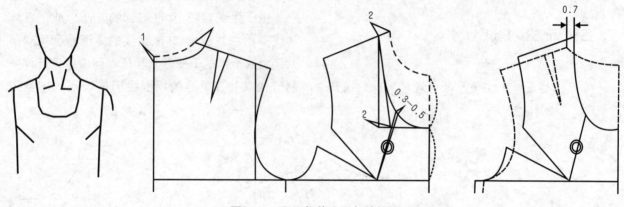

图6-4　U形无领款式图与结构图

与人体颈部的关系分为三种类型，即直条式立领、在颈部适体的立领和颈部外倾的立领(如凤仙领)，如图6-5所示，其结构图如图6-6所示，为了避免后领口外倾，需要在原型后直开领深的基础上向上抬高0.3cm，降低装领服装的领口深度。

　　观察三种领形结构，会发现三种立领的变化的关键在于领子上口线的长度变化和装领线的曲率变化，如图6-7所示，当领上口线长度缩短时，领子上口会贴近人体脖子，变成适体性的立领，当领子上口拉展后长度增加时，领子上口会偏离人体脖子，变成外倾型立领。因为内倾型的领子上口贴近人体脖子，所以领子的高度不能太大，在原型领口的基础上一般不超过6cm，且前领宽要比后领宽要小，同时领上口一圈与人体颈部一周需保持1指的活动松量，否则会卡脖子，影响人体的舒适性，而外倾型的立领则因为领上口偏离人体，则不受此尺寸的限制，但其挺拔的立领造型受材料的影响。

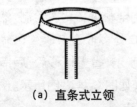

（a）直条式立领

（b）颈部适体的立领

（c）颈部外倾的立领（凤仙领）

图6-5　立领的三种类型

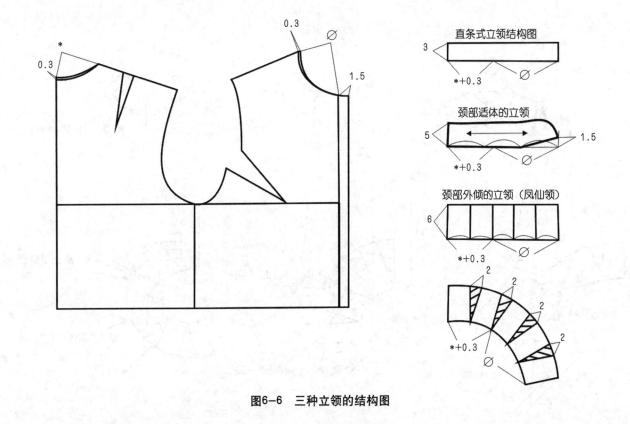

图6-6　三种立领的结构图

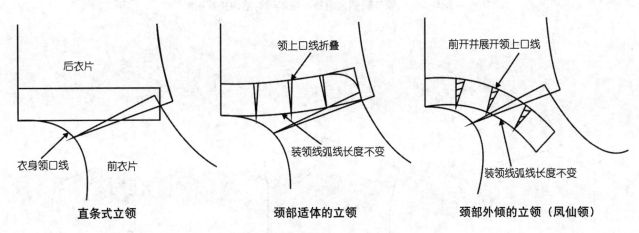

图6-7　立领结构变化规律图

　　通过实践发现,如果继续拉展图 6-8 所示领子的上口,领子就可以部分翻折下来盖住衣身领口线来构成曲线形的翻领,再继续拉展领子外口,直至装领线的形状与衣身领口线的形状接近或者一样时,领子就会摊在衣身上,构成摊领结构,如果再拉展,当装领线的曲率大于衣身领口线的曲率时,领子就会在衣身上形成波浪,构成波浪领。

　　在立领结构中有一种领形既可以称之为立领

也可以称之为翻领,这种领形就是男式衬衣领。这种领子的造型是由一个独立的领座和独立的翻领缝合而成,所以这种领子也被人称为翻立领,其款式图和结构图如图 6-9 所示,需要注意的是该款衬衣的门襟为明门襟,总宽为 3cm,在原型前中心线的基础上分别向左和向右 1.5cm,男式衬衣领领座和翻领的领头部位都可以自由设计为或尖、或圆、或方的各种形状。

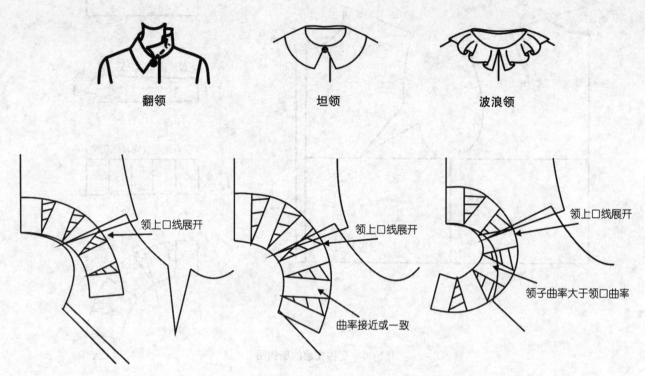

翻领　　　　　　　坦领　　　　　　　波浪领

领上口线展开

领上口线展开

领上口线展开

曲率接近或一致

领子曲率大于领口曲率

图6-8　立领与翻领、坦领和波浪领的结构关系图

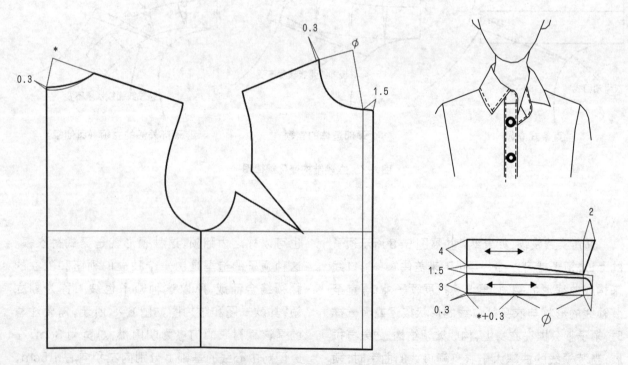

0.3

Ø

1.5

0.3

*

0.3

2

4

1.5

3

0.3

*+0.3

Ø

图6-9　男式衬衣领款式图和结构图

3. 翻领的结构设计

翻领是领座和翻领连接在一起，翻领部分向外翻摊的一种领形。根据翻领与衣身的关系可以分为一片翻领和翻驳领，如图 6-1 所示，两种领形外观差别较大，但是其结构设计原理是一致的。

1）一片翻领的结构设计

一片翻领各个部位的名称如图 6-10 所示，一般领座的宽度 n_b 为 2.5cm~3.5cm 之间，翻领的宽度 m_b 比领座的宽度 n_b 至少要大 0.5cm，否者翻领翻折后不能盖住装领线，两者的差值除了受款式的影响，还受到面料厚度的影响。本例取 $n_b=3cm$，$m_b = 4cm$。

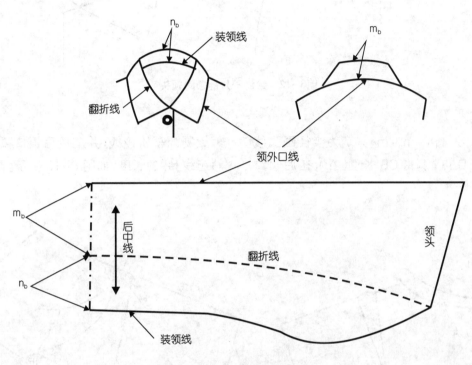

图6-10 一片翻领各部分名称

① 首先在图上定义 P 点和 B 点，B 点为该款服装的实际前横开领大点，P 点为前中心线上领子的直开领深点。具体制图步骤如下：

先绘制翻折线如图 6-11 所示：先过 B 点垂直向上绘制 $AB=n_b = 3cm$，绘制 $AC = m_b = 4cm$，与前肩线交于 C 点，$CO=AC=m_b = 4cm$，O 点在肩线延长线上，连接 OP，OP 为翻领的翻折线。

② 根据服装款式绘制领头形状，并以 OP 为对称轴，对称绘制领头形状，C' 点为 C 点的对称点，如图 6-12 所示。

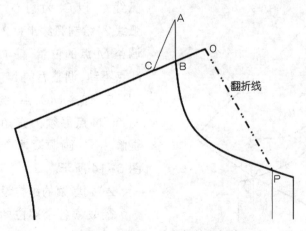

图6-11 绘制一片翻领的翻折线

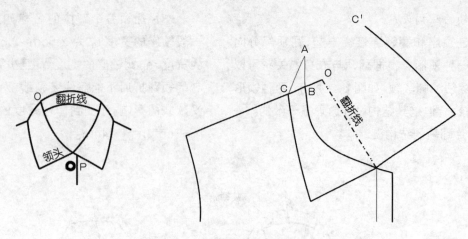

图6-12　绘制一片翻领的领头

③ 以 C' 为圆心，$n_b + m_b = 7$ 为半径画弧线与肩线交于 D 点；测量 CB 长度（△），在后领口上绘制翻领轨迹线，并测量后领口弧线 (*)、翻领轨迹线 (#) 的长度，如图6-13所示。

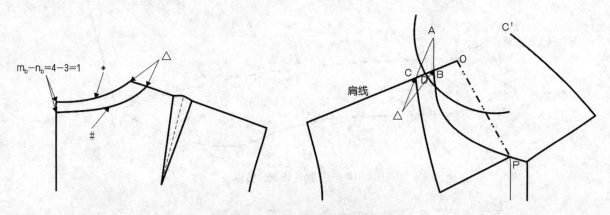

图6-13　绘制一片翻领的绘制轨迹线

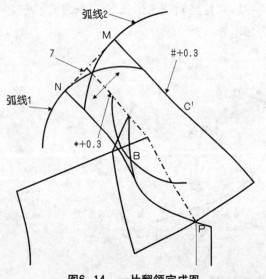

图6-14　一片翻领完成图

④ 以 B 点为圆心，* + 0.3cm 为半径，画弧线1；以 C' 为圆心，以 # + 0.3cm 为半径画弧线2，绘制弧线1和2的公切线，定义 N、M 点；调整 M 点的位置，使 $NM = n_b + m_b = 7cm$，其中 N 点不动，调整后的 M 点必须在弧线2上；连接 NB 点；连接 MC' 点，绘制装领线：弧线连接 NP 两点，N 点必须为直角，弧线可以不过 B 点，以画顺为准；画顺领外口线，保持 M 点为直角，如图 6-14 所示。

2）翻驳领的结构设计

翻驳领各个部位的名称如图6-15所示，本例取 $n_b = 3cm$，$m_b = 4cm$。

82

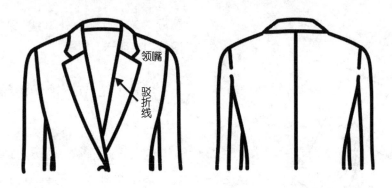

图6-15　驳折领各部分名称及款式图

首先在图定义 P 点和 B 点，B 点为该款服装的实际前横开领大点，P 点位于前片向外放出 2.5cm 的止口线上，注意与翻领的区别。具体制图步骤如下：

① 先过 B 点垂直向上绘制 $AB=n_b = 3cm$，绘制 $AC = m_b = 4cm$，与前肩线交于 C 点，$CO=AC=m_b = 4cm$，连接 OP，OP 为翻驳领的驳折线。根据服装款式绘制缺嘴形状，并以 OP 为对称轴，对称绘制领头形状，C' 点为 C 点的对称点，以 C' 为圆心，$n_b+m_b = 7cm$ 为半径画弧

线与肩线交于 D 点；测量 CB 长度（△），在后领口上绘制翻领轨迹线，并测量后领口弧线 (*)、翻领轨迹线 (#) 的长度，如图 6-16 所示。

② 以 B 点为圆心，* + 0.3cm 为半径，画弧线 1；以 C' 为圆心，以 # + 0.3cm 为半径画弧线 2，绘制弧线 1 和 2 的公切线，定义 N、M 点；调整 M 点的位置，使 $NM=n_b+m_b = 7cm$，其中 N 点不动，调整后的 M 点必须在弧线 2 上；连接 NB 点；连接 MC' 点，绘制装领线：弧线连接 NP 两点，N 点必须为直角，弧线可以不过 B 点，以

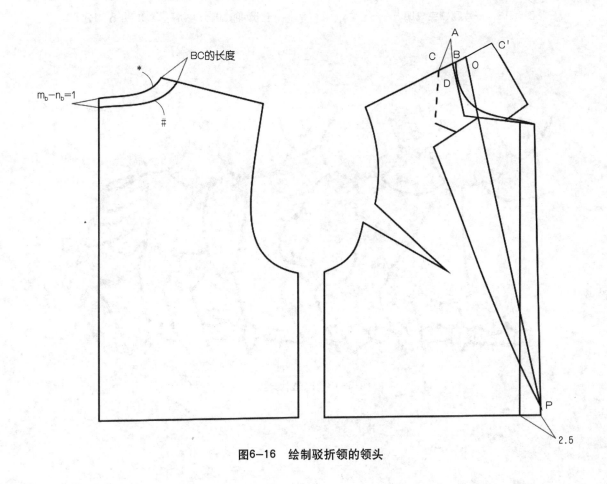

图6-16　绘制驳折领的领头

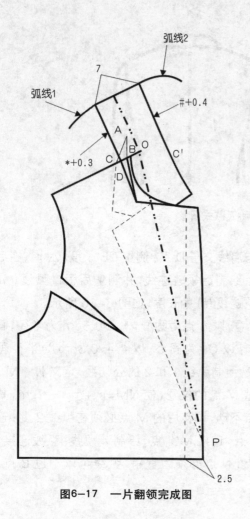

图6-17　一片翻领完成图

画顺为准；画顺领外口线，保持 M 点为直角，如图 6-17 所示。

第二节　袖子的结构设计

一、袖子简介

袖子是服装的一部分，覆盖全部或者部分手臂。袖子的基本功能是御寒和适应人体上肢活动的需要。袖子的造型是多种多样的，就基本结构形式而言，可以划分为上袖类和连身袖类两大类。与领子相比，袖子的功能性比装饰性更为重要，它要在保证穿着舒适、上肢活动方便自如的前提下进行各种外观设计。

袖子在服装造型中的位置与领子一样，十分重要。袖子的造型也是丰富多彩的，以形状而言，有与衣身连成一体的和服袖、有部分与衣身连接的插肩袖，有被衣身割去一部分而形成的落肩袖，还有使肩部蓬起来的灯笼袖及袖口张开成喇叭状的喇叭袖以及各种一片袖、两片袖等等（如图 6-18）。如果以袖长来分，有盖肩袖、短袖、中袖、七分袖、八分袖等等（如图 6-19）。

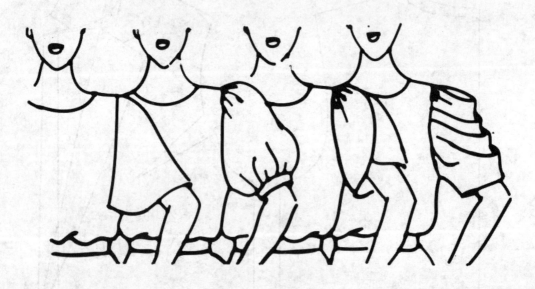

图6-18　以形状分类

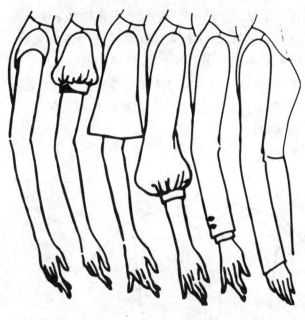

图6-19 以袖长分类

高。袖山高是指袖山顶点贴近落山线的程度。根据前面的袖子原型可以看出,作为袖子的结构基础是袖山,袖山变化的标准就是基本袖山高。基本袖山高公式是袖窿弧长 AH 的 1/3,这是根据手臂和胸部构造的动态和静态的客观要求所设计的。在结构上它与袖肥、袖窿开深量互相制约。

2)袖山高与袖肥的关系

袖子的造型并不会因袖山弧线和袖窿在量上的确定而不能改变,因为袖山高度的可变性,促使袖肥也可发生变化,形成袖子或宽松或紧身的造型。

在衣身袖窿 AH 值不变的情况下,袖山高和袖肥的关系如图 6-20 所示:袖山越高,袖下线越短,袖肥越小,袖子越贴体,腋下合身,但不宜运动;反之,袖山越低,袖下线越长,袖肥越大,袖子越不贴体,腋下皱褶多,但活动方便。

3)袖山高与袖窿开深量的关系

在选择低袖山结构时,袖窿应该开得深度大,宽度小,呈窄长形袖窿,相反袖窿深越浅且贴近腋窝,其形状接近基本袖窿的椭圆形。因为,当袖山高接近最大值时,袖子和衣身呈现出较为

二、袖子的结构原理与设计

1. 袖子结构原理

1)基本袖山高的意义

不管什么袖型,其造型结构的关键是袖山

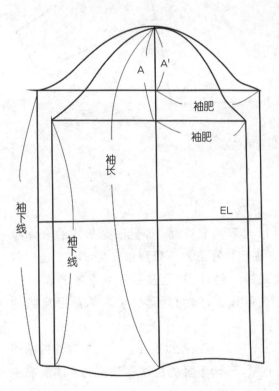

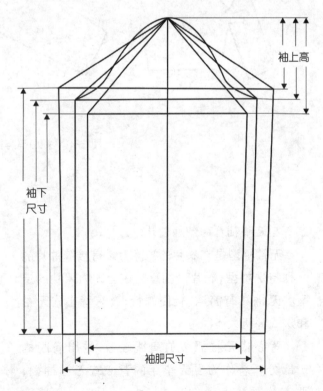

图6-20 袖山高、袖肥

贴身的状态,这时袖窿越靠近腋窝,其袖子的活动功能性越佳。同时,这种结构本身腋下的夹角很小,也就不会因有很多余量残留而影响舒适。反之,如果袖山很高,袖窿也很深,结构上远离腋窝而靠近前臂,这种袖子虽然贴体,但手臂上举时受袖窿牵制。袖窿越深,牵制力越大。当袖山

幅度很低,袖子和衣身的组合呈现出袖子的外展状态,如果这时为基本袖窿深度,当手臂下垂时,就会在腋下聚集很多余量,影响穿着舒适度。因此,袖山很低的袖型应该和袖窿深度大的细长形袖窿相匹配,以达到舒适和宽松的综合效果(如图 6-21)。

图6-21　袖山高与袖窿开深量的关系

2. 无袖袖型的结构设计

无袖袖型是在衣片的袖窿上没有接缝袖片的一种特殊袖型,衣片上袖窿的造型即为无袖的造型。无袖具有简洁、轻便的特点,有背心式无袖和法式袖两大类。

背心式无袖服装的肩线较短,露出肩膀的一部分。若作为夏天单穿的背心式无袖袖型,则衣片袖窿点通常提高 1cm ~ 2cm;若是穿

在衬衫或者毛衣外面,则要根据款式的合体程度,来确定袖窿点的下降程度。图 6-22 是一款大露式的无袖袖型,是直接在女装衣身基本纸样上进行设计,结构处理上要考虑前后肩线的等长。

法式袖的肩线盖过肩点。法式袖衣片的袖窿点往往要下降,下降的程度视款式的合体情况决定(如图 6-23)。

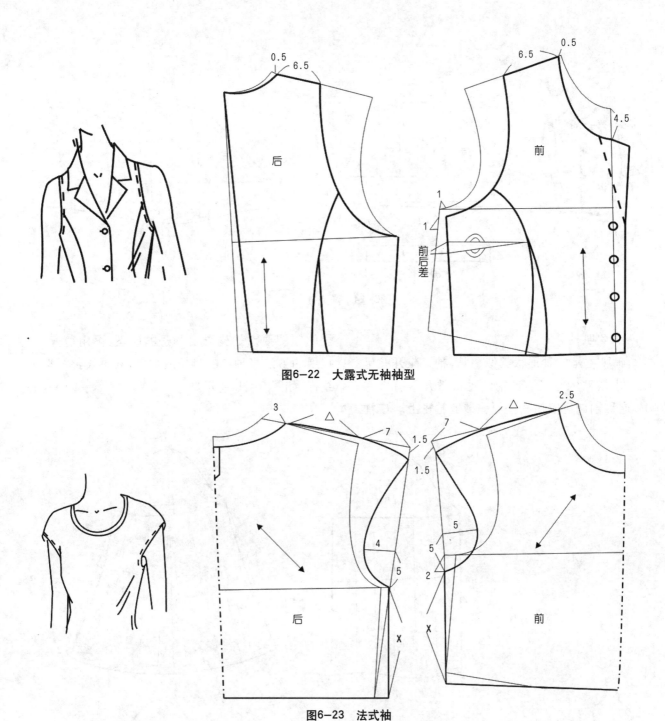

图6-22　大露式无袖袖型

图6-23　法式袖

3. 一片装袖的结构设计

一片装袖是指衣片和袖片各自成为一个整体的袖型。这类袖型款式丰富多变,有泡泡袖、喇叭袖、盖肩袖及各种长袖、短袖等,广泛运用于春夏秋冬的各类服装之中。该类袖主要是在一片袖原型基础上进行结构设计。由于该类袖要与衣片进行缝合,故在进行袖片的结构制图时必须先测量衣身的袖窿弧长,制图结束后还应该检查衣身的袖窿弧长与袖片袖山弧长的吻合关系。

1)泡泡袖

泡泡袖是在袖山处、袖口处打褶或在袖山、袖口均打褶形成各种泡泡形状的袖子。褶的形式有规律褶和非规律褶。泡泡袖常用于童装、女装、礼服等服装中。例图6-24是一款袖山、袖口都缩褶的泡泡短袖,制图时先根据衣身的实际袖窿弧长绘制一片袖原型,然后再根据款式需要在此一片袖原型上进行剪切、拉展,得出款式图所需袖子纸样。

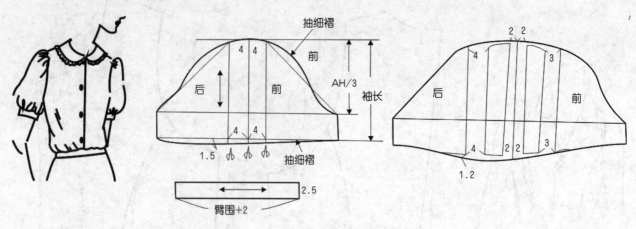

图6-24　泡泡袖

2）喇叭袖

喇叭袖是一种形状类似喇叭,袖口敞开并可以自由摆动的袖子。该袖的袖口敞开量有大有小,这种袖口可以用在任何服装的袖子上。该袖型的制图要点是先画出袖子的原型,再用剪开、拉展的方法将袖口的量拉展加大,获得最终袖型纸样,如图6-25所示。

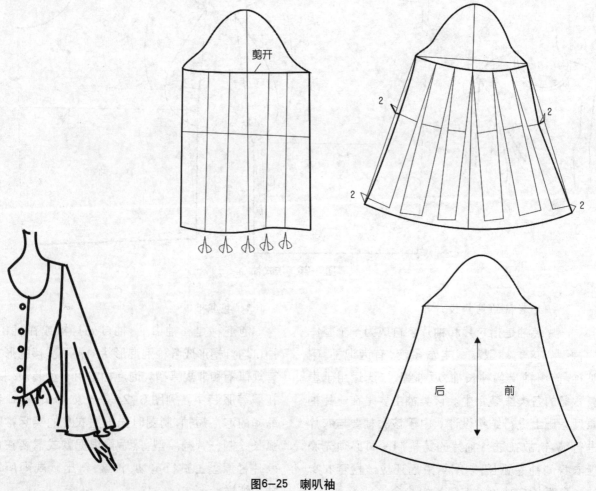

图6-25　喇叭袖

3）盖肩袖

盖肩袖的特点是袖片只盖住肩膀,而没有袖下线,袖子的腋下点可以对接住,也可以不对接,形成袖下无袖子的形状。常用于夏季的女装和童装中。例图6-26的中式上衣即是一款典型的腋下点对接住的盖肩袖设计,首先是先测量衣身的实际袖窿弧长AH,绘制一片袖原型,然后在袖子原型上进行盖肩袖设计。

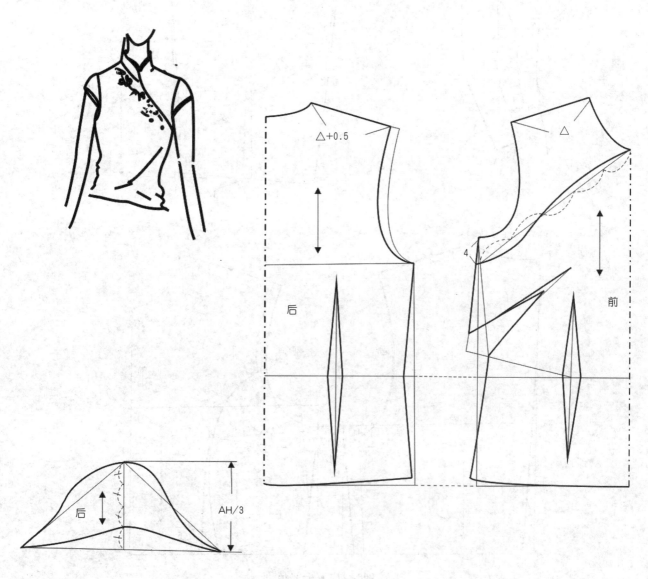

图6-26　盖肩袖

4）一片长袖

此类袖在服装上应用最广。它在形式上表现为袖子是一个未经分割的、完整的整体,也是通过一片袖原型进行设计。通常有贴体型、合体型、宽松型等类型。贴体型用于较紧身的服装中,合体形常用于合体衬衫、合体外套中,宽松型多用于半合体、宽松型服装中。如图6-27为合体一片长袖设计,制版时要结合人体特征先确定实际袖中线的位置,然后再进行袖侧缝及袖口线的设计。

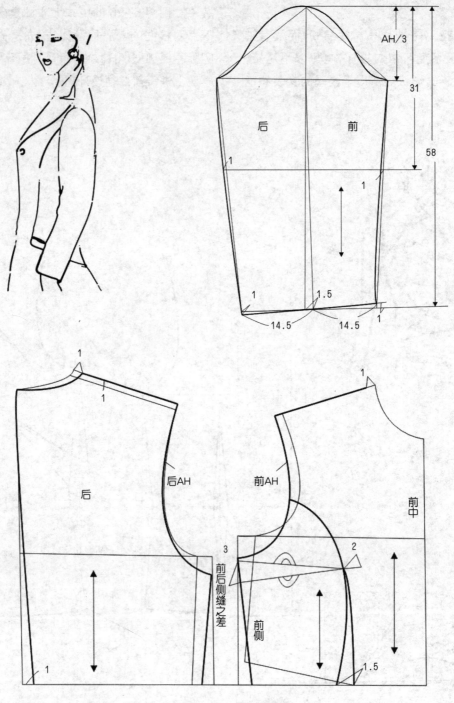

图6-27　一片长袖

4. 两片圆装袖的结构设计

两片圆装袖是指袖子由大、小袖片两部分组成的袖型，在结构制图上可通过一片袖原型变化而来。本书主要介绍合体两片袖，该袖型的特点是袖肥小、袖山高，穿在身上后显得合体，手臂自然下垂时腋下无褶皱，常用于西装、套装等活动量较小的场合穿着的服装中，长度上有短袖、中袖、长袖等类型。合体两片袖是在一片袖原型基础上利用互补原理设计出大小袖片。所谓互补方法，就是先要在原型的基础上，找出大袖片和小袖片的两条公共边线，这两条公共边线应该符合手臂下垂自然弯曲的要求，然后以此线为界，大袖片增加的部分在对应的小袖片中减掉，从而产生大小袖片，如图6-28所示。

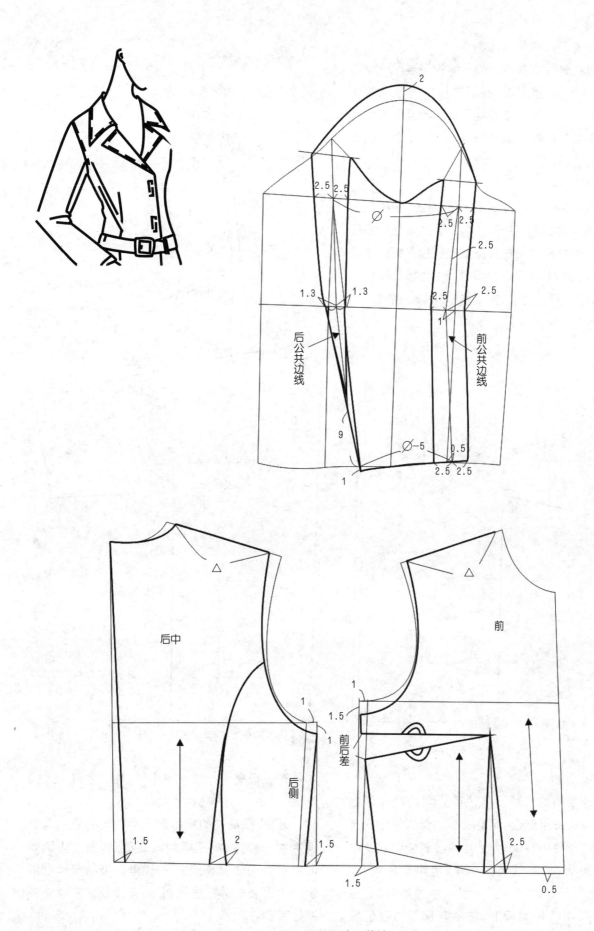

图6-28 两片圆装袖

5.连身袖的结构设计

连身袖是指衣身的一部分和袖子连成一个整体。有和服袖、插肩袖、腋下带插角的连袖等表现形式。连身袖的特点是袖子增加的某种形状的部分,同时也在对应的衣身减掉,在结构上表现为互补的关系。

1)和服袖

和服袖的特点是衣身和袖子相连,是典型的东方式的平面造型,由于它类似于日本的和服而得名。这类袖是直接在衣身上进行袖子纸样的结构设计。为达到外形与活动量之间的和谐统一,该类袖在腋下有较多的堆积量(如图6-29)。

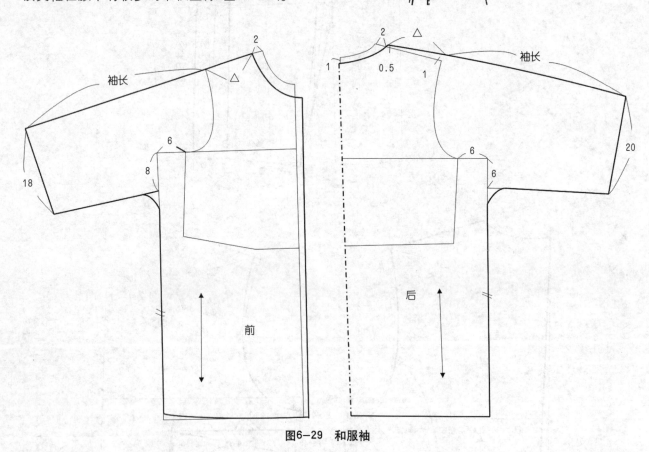

图6-29 和服袖

2)插肩袖

插肩袖的袖山线不是按照正常的袖窿弧线的位置与衣身相配合,而是沿着上臂延伸到衣身中,并成为衣身的一部分。插肩袖延伸到衣身中的量有多有少,形状也很丰富,常用于风衣、大衣、夹克衫及运动装中。一般的中性插肩袖,袖山线是以45°角为标准,这主要是因为我们将手叉腰时,袖山线大约成45°角。根据这个原理,

本书在进行插肩袖结构制图时,袖山线以45°为依据。

同时,插肩袖的袖山高尺寸选用的原则与普通装袖一样,根据不同的款式特点,通过先测量前后衣身的总袖窿弧长AH,再参照不同类别服装的袖山公式进行结构制图,具体公式及参考数据如表6-1。

表 6-1　袖山高尺寸选用依据　　　　　（单位：cm）

服装类别	夹克、运动类	套装类	运动类	大衣类
袖山公式	AH/3－1	AH/3	AH/3＋(1～1.5)	AH/3＋(2～2.5)
参考数据	12～13	13～14.5	15～16.5	17.5～18.5

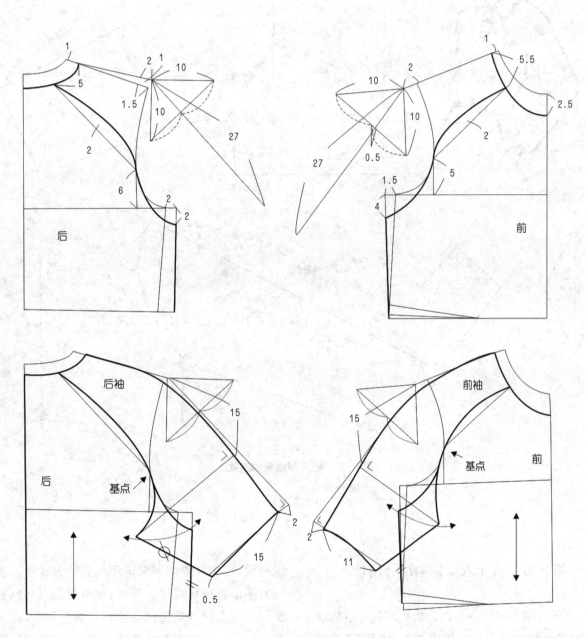

图6-30　插肩袖

3）腋下带插角的连袖

该类袖型的特点是在和服袖的基础上,从腋下增加一片插角,以增加手臂上举的活动量。腋下带插角的连袖是属于功能性设计,由于它分布在人体的腋下部位,不会对静态下的服装外形产生影响(如图6-31)。

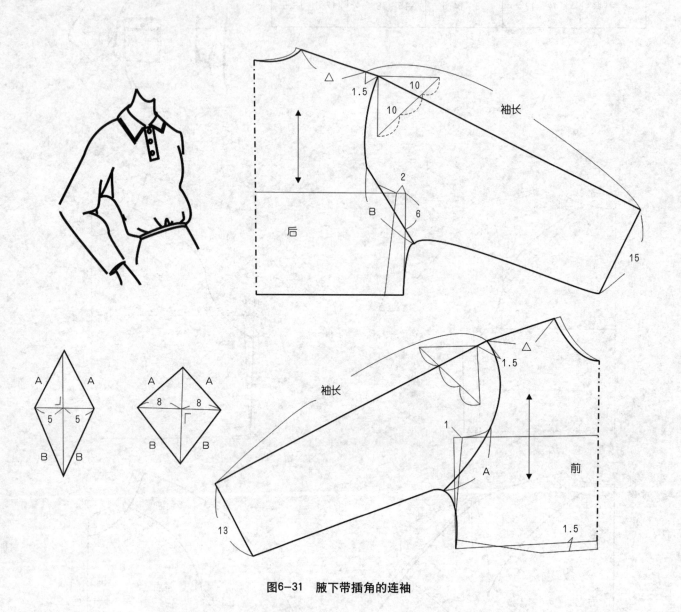

图6-31　腋下带插角的连袖

第三节　女上衣纸样的综合设计

之前各章节的内容是以分析女装衣身结构以及领、袖部件的局部变化规律为主,然而,这些局部规律综合起来,并不等于一件完整的女装上衣纸样设计,它只说明局部造型在结构设计中所呈现的平面特征和原理。因此,本节将通过几款完整的女装上衣款式实例的结构分析与设计,把衣身、领、袖三大局部有机的结合起来,以实现完整的女装上衣纸样设计目的。

例1：男式衬衣领女衬衫设计。如图6-32所示，这是一款偏宽松的一片袖无省女衬衫，袖口较合体，袖口用宝剑头开衩开口，压两个褶，领形为男式衬衣领，衣服前中下摆扎结设计。结构设计时，在文化式衣身原型及一片袖原型基础上结合款式特征进行设计即可。要注意衣身纸样的胸围量要适当加宽，前衣身下摆要设计成斜下摆，袖子在袖原型基础上适当收小袖口。

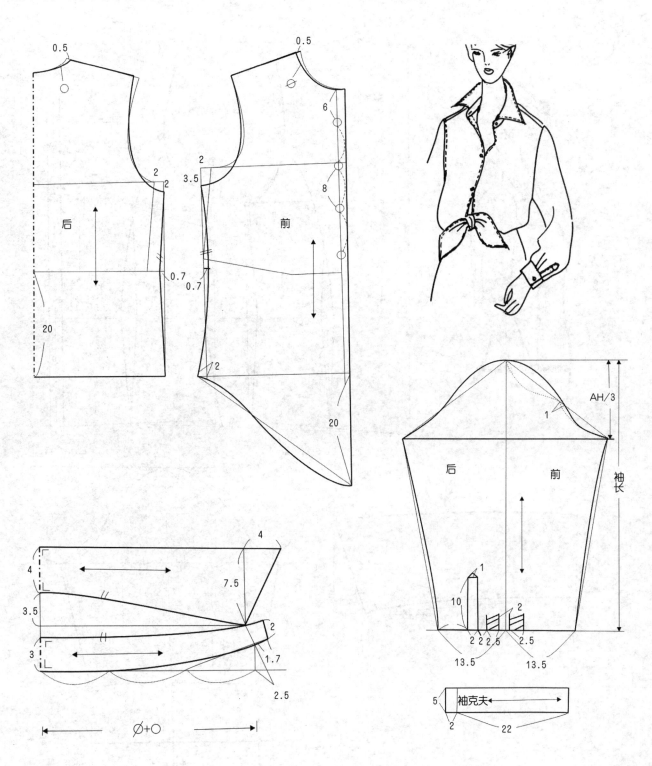

图6-32　男式衬衣领女衬衫设计

例2：合体一片短袖女衬衫设计。如图6-33所示，这是一款合体公主线女衬衫，领形为一片翻领，袖子为一片短袖，后袖口开衩，并拼接有袖克夫，前门襟为帖门襟设计。结构设计时，在文化式衣身原型及一片袖原型基础上结合款式特征进行设计即可。

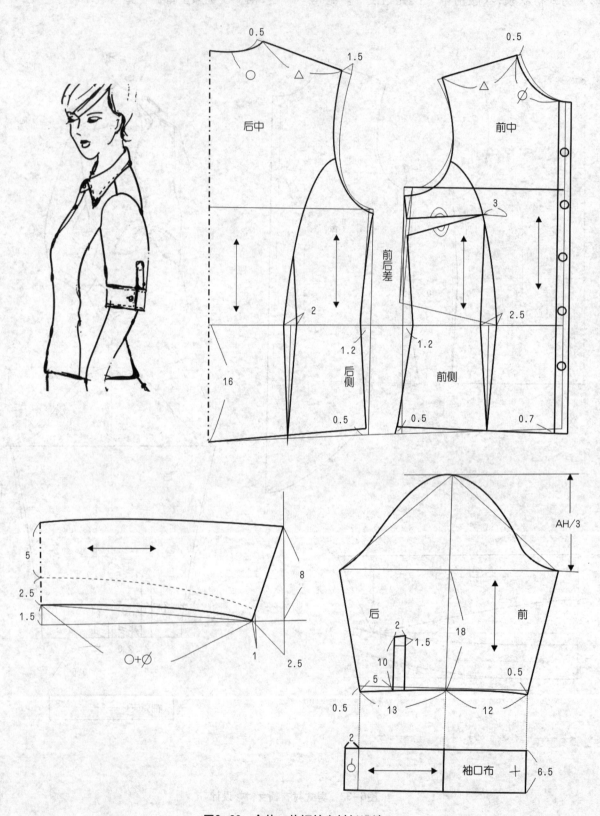

图6-33 合体一片短袖女衬衫设计

例3：无领短袖女上衣设计。如图6-34所示，这是一款无领短袖女上衣，袖子为肩部抽细褶的变化式和服短袖，袖口加有松紧带而形成荷叶边，上衣下摆为分体收摆设计。结构设计时，在文化式衣身原型的基础上结合款式特征进行设计即可。注意肩部抽褶的结构处理方法。

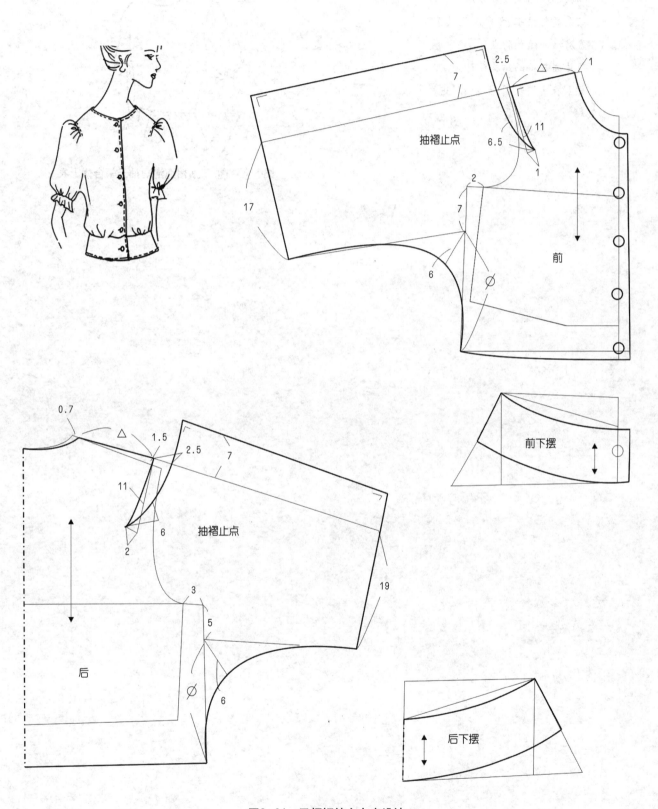

图6-34　无领短袖女上衣设计

思考与练习：

1. 领子的分类有哪些？说明每一类领形的特点。

2. 举例说明颈部适体立领的版型特征。

3. 翻驳领的结构设计方法。

4. 袖山高与袖肥、袖窿深的关系。

5. 盖肩袖的结构特点。

6. 两片圆装袖的结构设计方法。

7. 女上衣实例制图，如图 6-35。

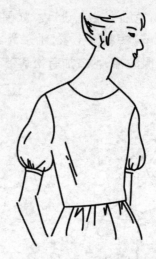

图6-35　袖口抽褶泡泡短袖无领合体上衣

第七章　服装工艺基础知识

第一节　服装工艺缝制工具

为了制作获得完美的、外观良好的服装成品，需要了解各种工具的基本知识。在本节中将分别对服装制作的必要工具按照不同使用目的进行说明，包括主要裁剪工具及缝制与整理工具。

一、裁剪工具

裁剪工具是裁剪布料时使用的工具（表7-1）。

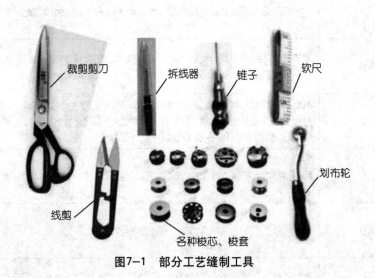

图7-1　部分工艺缝制工具

表7-1　裁剪工具

序号	名　称	说　　　明
1	裁剪台	用于面料的裁剪、做标志等。大小一般为长180～200cm、宽90～95cm、高72～75cm，以没有刷涂料的为佳。另外，也可以使用大的方形垫板代替裁剪台使用。
2	线　剪	用于细窄处或剪线的握在手中的小剪子。选择以用手握后有弹性，并且刀刃尖的咬合状态好的为宜。
3	剪纸剪刀	专门用于剪纸的剪子，18cm长的容易使用。
4	裁剪剪刀	裁剪布料时一般使用的长24cm～30cm左右的剪刀。选择要点是刀刃尖、刀刃的咬合状态好，并且易于握持。裁剪剪刀应该注意日常保管，可以涂上缝纫机油，以免生锈。

二、缝制与整理工具

缝制工具是为了缝制而使用的工具，整理工具是为了对衣服进行整理而使用的工具，其中很多工具是可以通用的。现在就一些常用的缝制工具和整理工具进行说明（表 7-2）。

表 7-2　缝制与整理工具

序号	名　称	说　明
1	划　粉	用于织物的裁剪前画的净缝印标记。常用的划粉形状多为三角形的，颜色有白、蓝、黄、粉等。因为划粉容易断，在使用时要小心。
2	顶　针	为手缝工艺时不可缺少的工具。用于保护手指在缝纫中免受刺伤。顶针有金属制、皮制等，常见的是金属制的。在品种上，有帽式和环式两种。环式顶针容易使用，有不同尺寸，适用于不同粗细的手指。
3	锥　子	锥子有多种用途，可以挑出领尖的角、拆开线迹、缝制过程中压住细小部分等。选择锥子时要注意锥尖的尖锐牢固度。
4	镊　子	用于切断绷缝线或者拉出绷缝线。因为用于精细作业，所以宜选择咬合准确且有弹性的镊子。
5	手缝针	是最简单的缝纫工具。有1～15个号数，号数越小，针身就越粗越长，反之越细越小。手缝针的质量一般要求针身圆滑，针尖锐利。
6	机　针	机针种类较多，大体上可以分为家庭用、职业用、工业用和特殊用几类。家庭用机针叫做角针，针尖部的一部分呈平坦状；职业用机针是圆针。职业机针有7～25号等不同粗细分号，号码越小针越细，针眼也越小。一般多使用9号、11号、14号、16号。
7	大头针	用于缝制之前把两个裁片对齐固定、假缝修正以及假缝缩袖等场合。针尖细的大头针容易使用。
8	缝纫线	包括棉线、丝线、合成纤维线、涤纶线等等。
9	缝纫机	是制作服装不可缺少的缝制机械。按照用途的不同分为家庭用、职业用、工业用；按照使用形式不同分为脚踏式缝纫机、电动缝纫机，现在都是以电动缝纫机为主。
10	梭芯、梭套	每种缝纫机都有各自配套的梭芯、梭套。应该根据家庭用、职业用、工业用的不同，选择时候缝纫机的梭芯、梭套。为了方便，都会准备多个梭芯。
11	压烫机	压烫机是安装有熨斗和烫台的压烫用机器，有多种类型。使用时根据布料选择合适的温度、压力、时间等，主要用在工业生产中。其中的辊式压烫机由于效率高，在成衣工厂很常见。
12	熨　斗	熨斗除了能够烫平褶皱以外，还可以用来修正面料纱向、做归拔等等，是缝制和整烫过程中的必要工具。熨斗的选择原则是尖端较尖，把手牢固，底厚且平滑，加热快、不易凉。熨斗的种类除了干式、蒸汽式，还有干式与蒸汽式兼有的。使用熨斗的要点是选择适合于布料的温度、蒸汽和压力。
13	熨烫整理台	常用的是真空式熨烫台。真空熨烫台可以吸收掉多余的热和水蒸汽，使布料迅速成为干燥状态。
14	人　台	是用于服装制作过程中辅助用的人体模型。有女性人台、男性人台、儿童人台等各种类型。
15	拆线器	是拆开缝纫线或者绷线时使用的工具。

第二节　服装工艺常用术语

本书中所使用的名词术语是以 2003 年国家标准局颁布的《服装工业常用标准汇编》中的 GB/T15557-1995 服装术语为标准，并根据近年出现的一些新的技术用语，做了部分增补。

一、概念性术语

1. 查色差。检查原、辅料色泽级差，按钦按色泽归类。

2. 查疵点。检查原、辅料疵点。

3. 查污渍。检查原、辅料污渍。

4. 分幅宽。原、辅料按门幅度宽窄分类。

5. 查衬布色泽。检查衬布色泽、按色泽归类。

6. 查纬斜。检查原料纬纱斜度。

7. 理化试验。原辅料的伸缩度率、耐热度等试验。

8. 排料。在裁剪过程中，对面料如何使用及用料的多少所进行的有计划的工艺操作。

9. 铺料。按划样额定的长度要求铺料。

10. 表层划样。用样板按排料要求在原料上画好裁片。

11. 复查划样。复查表层划样的数量与质量是否符合要求。

12. 打粉印。用划粉在裁片上做好缝制标记。

13. 钻眼。用电钻在裁片上作出缝制标记。

14. 开剪。按照划样用电剪按顺序裁片。

15. 查裁片刀口。检查裁片刀质量合否要求。

16. 编号。将裁片按顺序编号，同一件衣服裁片号码应一致。

17. 配零料。配齐一件衣服的零部件材料。

18. 钉标签。将有顺序号的标签钉在衣片上。

19. 验片。检查裁片的质量（数量、色差、织疵等）。

20. 分片。将裁片按编号或按部件的种类配齐。

21. 换片。调换不合质量要求的裁片。

22. 段耗。指坯布经过铺料后断料所产生的损耗。

23. 裁耗。铺料后坯布在划样开裁中所产生

24. 成品坯布制成率。制成衣服的坯布重量与投料重量之比。

25. 缝合、合、缉。都是指缝纫机缝合两层或两层以上的裁片，俗称缉缝、缉线。为了方便使用，一般将"缝合"、"合"称为暗缝即产品正面无线迹；"缉"称为明缝，即产品正面有整齐的线迹。

26. 缝份。俗称缝头，指两层裁片缝合后被缝住的余份。

27. 缝口。两层裁片缝合后正面所呈现的痕迹。

28. 绱。亦称装，一般指把部件安装到主件上的缝合过程，如绱袖、绱领。

29. 打剪口。亦称打眼刀，"打"即是剪的意思。如在绱袖、绱领工艺中，为了使袖、领与衣片对位准确，在固定的裁片边缘部位剪 0.3cm 深的小三角缺口作为定位标记。

30. 包缝。亦称锁边、码边、拷边，指用包缝线迹将裁片毛边包光，使织物纱线不脱散。

31. 针迹。指缝针刺穿缝料时，在面料上形成的针眼。

32. 缝型。指缝纫机缝合衣片的不同缝制方法。

33. 缝迹密度。指在规定单位长度内的针迹数量，也叫针迹密度。一般单位长度定为 2cm 或 3cm。

二、缝制操作技术用语

1. 缲袖衩。将袖衩边和袖口贴边缲牢固定。

2. 刷花。在裁片需绣花部位印刷花印。

3. 修片。亦称裁片，按照标准样板修剪毛坯裁片。

4. 打线钉。用白棉线在裁片上做出缝制标记。

5. 剪省缝。将因缝制后的厚度影响服装外观的省缝剪开。

6. 缉省缝。将省缝折合用机器缉缝。

7. 烫省缝。将省缝坐倒或者分开熨烫。

8. 推门。将平面前衣片推烫成立体形态衣片。

9. 缉衬。用机器缉缝前衣身衬布。

10. 烫衬。熨烫缉缝好的胸衬，使之形成人体

胸部形态,与推门后的前衣片形态相吻合。

11. 敷衬。将前衣片敷在胸衬上,使衣片与衬布贴合一致,且衣片布纹处于平衡状态。

12. 纳驳头。用手工或机器扎驳头。

13. 拼耳朵皮。将西装、大衣挂面上端形状如耳朵的部分进行拼接。

14. 包底领。底领四边包光后机缉。

15. 绱领子。将领片与领口缝合,领片稍宽松,吻合处松紧适宜。

16. 分烫绱领缝。将绱领缉缝分开,熨烫后修剪。

17. 分烫领串口。将领串口缉缝分开熨烫。

18. 包领面。将面装、大衣领面外翻包转,用三角针将领里绷牢。

19. 叠领串口。将领串口缝与绱领缝扎牢,串口缝要齐直。

20. 归拔偏袖。偏袖部位归拔熨烫成人体手臂的弯曲形态。

21. 敷止口牵条。将牵条布敷在止口部位。

22. 敷驳口牵条。将牵条布敷在驳口部位。

23. 缉袋嵌线。将嵌线料缉在开袋口线两侧。

24. 开袋口。将已缉嵌线的袋口中间部分剪开。

25. 封袋口。袋口两头机缉倒回针封口。也可用套结机进行封结。

26. 敷挂面。将挂面敷在前衣片止口部位。

27. 合止口。将衣片和挂面在门襟止口处机缉缝合。

28. 扳止口。将止口毛边与前身衬布用斜形针缲牢。

29. 扎止口。在翻出的止口上,手工或机扎一道临时固定线。

30. 合背缝。将背缝机缉缝合。

31. 归拔后背。将平面的后衣片,按体形归烫成立体衣片。

32. 敷袖窿牵条。将牵条布缝在后衣片的袖窿部位。

33. 敷背衩牵条。将牵条布缝在后衣衩的边缘部位。

34. 封背衣衩。将背衣衩上端封结。一般有明封与暗封两种方法。

35. 扣烫底边。将底边折光或折转熨烫。

36. 扎底边。将底边扣烫后扎一道临时固定线。

37. 倒钩袖窿。沿袖窿用倒钩针法缝扎,使袖窿牢固。

38. 叠肩缝。将肩缝头与衬布扎牢。

39. 做垫肩。用布和棉花、中空纤维等做成衣服垫肩。

40. 装垫肩。将垫肩装在袖窿肩头部位。

41. 倒扎领窝。沿领窝用倒钩针法缝扎。

42. 合领衬。在领衬拼缝处机缉缝合。

43. 拼领里。在领里拼缝处机缉缝合。

44. 归拔领里。将敷上衬布的领里归拔熨烫成符合人体颈部的形态。

45. 归拔领面。将领面归拔熨烫成符合人体颈部的形态。

46. 敷领面。将领面敷上领里,使领面、领里吻合一致,领角处的领面要宽松些。

47. 扎袖里缝。将袖子面、里缉缝对齐扎牢。

48. 收袖山。抽缩袖山上的松度或缝吃头。

49. 滚袖窿。用滚条将袖窿毛边包光,增加袖窿的牢度和挺度。

50. 缲领钩。将底领领钩开口处用手工缲牢。

51. 扎暗门襟。暗门襟扣眼之间用暗针缝牢。

52. 画眼位。按衣服长度和造型要求画准扣眼位置。

53. 滚扣眼。用滚扣眼的布料把扣眼毛边包光。

54. 锁扣眼。将扣眼毛边用线锁光,分机锁和手工锁眼。

55. 滚挂面。将挂面里口毛边用滚条包光,滚边宽度一般为 0.4cm 左右。

56. 做袋片。将袋片毛边扣转,缲上里布做光。

57. 翻小襻。小襻的面、里布缝合后将正面翻出。

58. 绱袖襻。将袖襻装在袖口上规定的部位。

59. 坐烫里子缝。将里布缉缝坐倒熨烫。

60. 缲袖窿。将袖窿里布固定于袖窿上,然后将袖子里布固定于袖窿里布上。

61. 缲底边。底边与大身缲牢。有明缲与暗缲两种方法。

62. 领角薄膜定位。将领角薄膜在领衬上定位。

63. 热缩领面。将领面进行防缩熨烫。

64. 压领角。上领翻出后,将领角进行热压定型。

65. 夹翻领。将翻领夹进领底面、里布内机缉缝合。

66. 镶边。用镶边料按一定宽度和形状缝合安装在衣片边沿上。

67. 镶嵌线。用嵌线料镶在衣片上。

68. 缉明线。机缉获手工缉缝与服装表面的线迹。

69. 缝袖衩条。将袖衩条装在袖片衩位上。

70. 封袖衩。在袖衩上端的里侧机缉封牢。

71. 缝拉链。将拉链装在门、里襟及侧缝等部位。

72. 缝松紧带。将松紧带装在袖口底边、腰头等部位。

73. 点钮位。用铅笔或划粉点准钮扣位置。

74. 钉钮扣。将钮扣钉在钮位上。

75. 画绗缝线。防寒服制作时,需在面料上画出绗棉间隔标记。

76. 缲钮襻。将钮襻边折光缲缝。

77. 盘花钮。用缲好的钮襻条,按一定花形盘成各式钮扣。

78. 钉钮襻。将钮襻钉在门里襟钮位上。

79. 打套结。开衣衩口用手工或机器打套结。

80. 拔裆。将平面裤片,拔烫成符合人体臀部下肢形态的立体裤片。

81. 翻门襻。门襻缉好将正面翻出。

82. 缝门襻。将门襻安装在门襟上。

83. 缝里襟。将里襟安装在里襟片上。

84. 缝腰头。将腰头安装在裤腰上。

85. 缝串带襻。将串带襻装缝在腰头上。

86. 缝雨水布。将雨水布装在裤腰里下口。

87. 封小裆。将小裆开口机缉或手工封口,增加前门襟开口的牢度。

88. 勾后裆缝。在后裆缝弯处,用粗线作倒钩针锋,增加后裆缝的穿着牢度。

89. 扣烫裤底。将裤底外口毛边折转熨烫。

90. 缝大裤底。将裤底装在后裆十字处缝合。

91. 花绷十字缝。裤裆十字缝分开绷牢。

92. 扣烫贴脚条。将裤脚口贴条扣转熨烫。

93. 缲贴脚条。将贴脚条装在裤脚口里沿边。

94. 叠卷脚。将裤脚翻边在侧缝下档缝处缝牢。

95. 抽碎褶。用缝线抽缩成不定型的细褶。

96. 叠顺裥。缝叠成同一方向的折裥。

97. 包缝。用包缝线迹将布边固定,使纱线不易脱散。

98. 手针工艺。应用手针缝合衣料的各种工艺形式。

99. 装饰手针工艺。兼有功能性和艺术性,并以艺术性为主的手针工艺。

100. 吃势。亦称层势。"吃"指缝合时使衣片缩短,吃势指缩短的程度。吃势分两种:一是两衣片原来长度一致,缝合时因操作不当造成一片长、一片短(即短片有了吃势),这是因避免的缝纫弊病;二是将两片长短略有差异的衣片有意地将长一片某个部位缩进一定尺寸,从而达到预期的造型效果,如圆装袖的袖山吃势可使袖山顶部丰满圆润,袋盖两端圆角、领面、领角等部件面的角端吃势可使部件面的止口外吐,从正面看不到里料,还可使面部形成自然的窝势,不反翘。

101. 里外匀。亦称里外容,指由于部件或部位的外层松、里层紧而形成的窝服形态。其缝制加工的过程称为里外匀工艺,如勾缝袋盖、驳头、领子等,都需要采用里外匀工艺。

102. 修剪止口。指将缝合后的止口缝份剪窄,有修双边和修单边两种方法。其中修单边亦可称为修阶梯状,即两缝份宽窄不一致,一般宽的为0.7cm、窄的为0.4cm,质地疏松的布料可同时再增加0.2cm左右。

103. 回势。亦称还势,指被拔开部位的边缘处呈现出荷叶边形状。

104. 归。归是归拢之意,指将长度缩短的工艺,一般有归缝和归烫两种方法,裁片被烫的部位,靠近边缘处出现弧形绉,被称为余势。

105. 拔。拔是拔长、拔开之意,指将平面拉长或拉宽。如后背肩胛处的拔长、裤子的拔裆、臀部的拔宽等,都采用拔烫的方法。

106. 推。推是归或拔得继续,指将裁片归德余势、拔的回势推向与人体对应凸起或凹进的位置。

107. 起壳。指面料与衬料不贴合,即里外层不相融。

108. 套结。亦称封结,指在口袋或各种开衩、开口处用回针的方法进行加固,有平缝机封结、手工封结及专用机封结等。

109. 极光。熨烫裁片或成衣时,由于垫布太硬或无垫布盖烫而产生的亮光。

110. 止口反吐。指将两层裁片缝合并翻出后,里层止口超出面层止口。

111. 起吊。指成品上衣面、里不符,里子偏短引起的衣面上吊、不平服。

112. 胖势。亦称凸势,指服装开凸出的部位胖出,使之圆顺、饱满。如上衣的胸部、裤子的臀部等,都需要有适当的胖势。

113. 胁势。也有称吸势、凹势的,指服装该凹进的部位吸进。如西服上衣腰围处、裤子后档以下的大腿根处等,都需要有适当的胁势。

114. 翘势。主要指小肩宽外端略向上翘

115. 窝势。多指部件或部位由于采用里外匀工艺,呈正面略凸,反面凹进的形态。与之相反的形态称反翘,是缝制工艺中的弊病。

116. 耳朵皮。指西服上衣或大衣的挂面上带有像耳朵形状的面斜,可有圆弧形和方角形两类。方角耳朵皮须与衣里拼缝后再与挂面拼缝;

圆弧耳朵皮则是与挂面连裁,滚边后搭缝在衣里上。西服里袋开在耳朵皮上。

117. 水花印。指盖水布熨烫不匀或喷水不匀,出现水渍。

118. 塑形。指将裁片加工成所需要的形态。

119. 定型。指使裁片或成衣形态具有一定稳定性的工艺过程。

120. 掩皮。亦称眼皮,指衣片里子边缘缝合后,止口能被掀起的部分。如带夹里的衣服下摆、袖口等处都应留掩皮,但在衣面缝接部位出现掩皮则是弊病。

121. 起烫。指消除极光的一种熨烫技法。需在有极光处盖水布,用高温熨斗快速轻轻熨烫,趁水分未干时揭去水布使其自然晾干。

第三节　工艺制作相关知识

一、缝针、缝线和线迹密度的选配知识

在服装的缝制过程中必不可少的重要工具就是手缝针和车工机针。手缝针按长短粗细有15个号型,平缝机针的粗细为9~18号之间。缝纫时,车工机针一般可根据缝料的厚薄、软硬及质地,选择适当的平缝机针和缝线(表7-3)。

手缝针也可根据加工工艺的需要和缝制材料的不同,选用不同号型的针,具体见表7-4~7-6。

表7-3　平缝机针与缝线关系表

针号	缝线号(tex,公支)	适合材料
9号	12.5~10,80~100	薄纱布、薄绸、细麻纱等轻薄型面料
11号	16.67~12.5,60~80	薄化纤、薄棉布、绸缎、府绸等薄型面料
14号	20~16.67,50~60	粗布、卡其布、薄呢等中厚型面料
16号	33.67~20,30~50	粗厚棉布、薄绒布、灯芯绒等较厚型面料
18号	50~25,20~40	厚绒布、薄帆布、大衣呢等厚重型面料

表 7-4　手缝针与缝纫项目配合表

型号	长度（mm）	粗细（mm）	用　途
4	33.5	0.8	钉钮扣
5	32	0.8	锁、钉
6	30.5	0.71	锁、纳、撬
7	29	0.61	纳、撬
8	27	0.61	纳、撬
9	25	0.56	纳、撬
长 9	33	0.56	通针

表 7-6　连衣裙针距密度表

项　目	针 距 密 度
明线、暗线	3cm不少于12针
包缝线	3cm不少于12针
机锁眼	1cm11～15针
机钉扣	不少于6根线
手工钉扣	双线，两上两下绕三绕
手工缲针	3cm不少于4针

表 7-5　男、女西服针距密度表

项　目		针 距 密 度	备　注
明　线		3cm不少于14～17针	包括暗线
三线包缝		3cm不少于9针	
手工针		3cm不少于7针	肩缝、袖窿、领子不低于9针/3cm
手拱针		3cm不少于5针	
三角针		3cm不少于5针	以单面计算
锁眼	细线	1cm12～14针	机锁眼
	粗线	1cm9针	手工锁眼
钉扣	细线	每孔8根线	缠脚线高度与止口厚度相适应
	粗线	每孔4根线	

从表 7-4 ～ 7-6 可以看出，缝针的线迹密度除了与缝针类型、缝针大小、缝料、缝线及缝纫项目有关系外，还与服装款式有关系。在工艺制作工程中，应该根据款式特点、缝纫项目、缝料类型等选择相应的线迹密度。

二、放缝与贴边

缝份又称为缝头或做缝，是指缝合衣片所需的必要宽度。折边是指服装边缘部位如门襟、底边、袖口、裤口等的翻折。由于结构制图中的线条大多是净缝，所以只有将结构图加放一定的缝份或折边之后才能满足工艺要求。缝份及折边加放量需考虑下列因素。

1. 根据缝型加放缝份

缝型是指一定数量的衣片和线迹在缝制过程中的配置形式。缝型不同对缝份的要求也不相同。缝份加放量见表 7-7。

2. 根据面料加放缝份

样板的缝份与面料的质地性能有关。面料的质地有厚有薄、有松有紧。质地疏松的面料在裁剪和缝纫时容易脱散，因此在放缝时应略多放些，质地紧密的面料则按常规处理即可。

表 7-7　缝份加放量

缝　型	参　考　放　量（cm）	说　明
分　缝	1	也称劈缝，即将两边缝份分开烫平
倒　缝	1	也称坐倒缝，即将两边缝份向一边扣倒
明线倒缝	缝份大于明线宽度0.2～0.5	在倒缝上缉单明线或双明线
包　缝	缝份大于明线宽度0.2～0.5	也称裹缝，分"暗包明缉"和"明包暗缉"
弯绡缝	0.6～0.8	相缝合的一边或两边为弧线
搭　缝	0.8～1	边搭在另一边的缝合

3. 根据工艺要求加放缝份

样板缝份的加放应根据不同的工艺要求灵活掌握。有些特殊部位即使是同一条缝边其缝份也不相同。例如，后裤片后档缝的腰口处放2cm～3cm，臀部处放1cm；普通上衣袖窿弧部位多放0.7cm～0.9cm 的缝份；装拉链部位应比一般部位缝头稍宽，以便于缝制；上衣的背缝、裙子的后缝应比一般缝份稍宽，一般为1.5cm～2cm。

4. 规则型折边的处理

规则型折边一般与衣片连接在一起，可以在净线的基础上直接向外加放相应的折边量。由于服装的款式和工艺要求不同，折边量的大小也不相同。凡是直线或接近于直线的折边，加放量可适当放大一些，而弧线形折边的宽度要适量减少，以免扣倒折边后出现不平服现象。有关折边加放量见表7-8。

表7-8　折边加放量

部　位	各类服装折边参考加放量（cm）
底　摆	男女上衣：毛呢类4cm，一般上衣3～3.5cm，衬衣2～2.5cm，一般大衣5cm，内挂毛皮衣6～7cm。
袖　口	一般同底摆相同。
裤　口	一般4cm，高档产品5cm，短裤3cm。
裙　摆	一般3cm，高档产品稍加宽，弧度较大的裙摆折边取2cm。
口　袋	暗挖袋已在制图中确定。明贴袋大衣无盖式3.5cm，有盖式1.5cm，小盖无袋式2.5cm，有盖式1.5cm，借缝袋1.5～2cm。
开　衩	一般取1.7～2cm。

5. 不规则贴边的处理

不规则贴边是指折边的形状变化幅度比较大，不能直接在衣片上加放，在这种情况下可采用贴边（镶折边）的工艺方法，即按照衣片的净线形状绘制折边，再与衣片缝合在一起。贴边的宽度以能够容纳弧线（或折线）的最大起伏量为原则，一般取3cm～5cm 左右。

思考与练习：

1. 比对实物操作，掌握常用的一些缝制工具的使用方法。

2. 工艺制作的概念性术语和一些常用的缝制操作技术用语。

第八章　服装基础缝制工艺

服装的成型技术发展到今天有缝合、黏合、编织等多种，其中缝合是主要成型方法。成衣基础工艺是服装加工工艺的基础，包括熨烫工艺、手针工艺、装饰工艺、基本缝型和基础部件工艺等缝制工艺。在服装生产过程中，基础工艺的熟练程度和技艺的质量将直接影响到生产效率和成衣品质。

第一节　手针工艺

一、基础手针工艺

对于初学者来说，要想学好成衣制作工艺，就要注重基础练习，打好扎实的基本功。在加工缝制一些高档成衣时，有些工艺必须由手工缝纫来完成，因此只有规范的操作才能做出高品质的成衣。手针工艺的缝纫针法有多种，一些常用的基础针法具体介绍如下：

1. 短绗针（图 8-1）

将针由右向左，间隔一定距离构成针迹，依次向前运针，用于手工缝纫和装饰点缀。

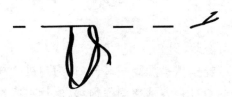

图8-1　短绗针

2. 长短绗针（图略）

运针方式与短绗针一样。正面为长绗针迹，反面为短绗针迹，一般用于覆衬和打线钉。

3. 倒回针（图 8-2）

倒回针也称倒钩针，布料正面的线迹平行连续，有时为斜形，针迹前后衔接，正面外观与缝纫机线迹相似。由于连续回针，缝线有一定的宽度和伸缩性，当遇到较大拉力时，也不容易断线。常用于服装受力较大的部位的缝制，如裤子的后档

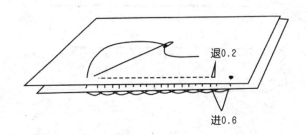

图8-2　倒回针

缝、衣服的袖窿等处。

4. 暗针（图 8-3）

在布料正面只挑住一根丝，贴边那侧可挑住少许布料，正面不露痕迹。主要用于高档上衣下摆及裤脚口的固定。

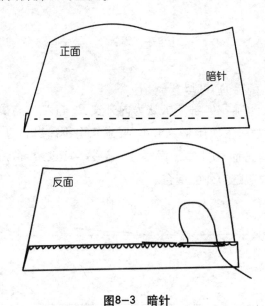

图8-3　暗针

5. 缲针（图 8-4）

缲针也称为反缝针。针法有三种：第一种是由右向左、由内向外缲，每针间隔 0.2cm，针迹为偏斜形；第二种为由右向左、由内向外竖直缲，缝线隐藏于贴边的夹层中间，每针间隔 0.3cm 左右；第三种为由右向左、每针间隔 0.5cm，线迹宜稍松弛些为好。

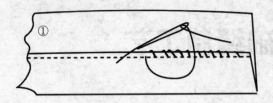

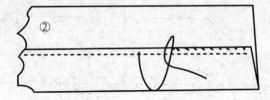

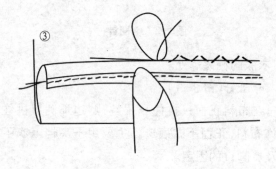

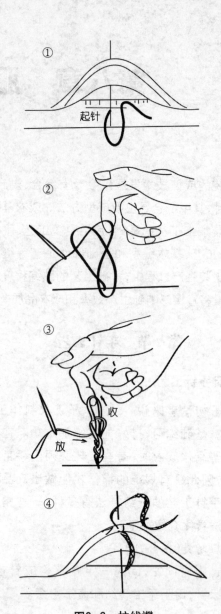

图8-4　缲针

6. 三角针（图8-5）

也称花绷针。针法为内外交叉，自左向右倒退，布料依次用平针绷牢，要求正面不露出针迹，布料正面只挑住一两根纱，缝线不宜过紧，常用于衣服贴边外的缝合。

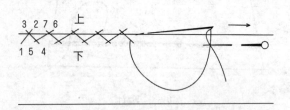

图8-5　三角针

7. 拉线襻（图8-6）

拉线襻主要用于叠门上端充当钮襻作用，也可用于夹里贴边与面料的连接，常用于下摆缝贴边上。其操作方法分套、钩、拉、放、收五个步骤。具体见图示。

图8-6　拉线襻

8. 打套结（图8-7）

套结的作用是加固服装开口、封口处。操作时先在封口处用双线来回作衬线，然后在衬线上用锁眼方法锁缝。针距要求整齐，而且缝线必须封住衬线下面的布料。

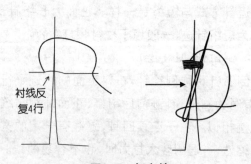

图8-7　打套结

9. 钉钮扣（图8-8）

钉缝的钮扣有实用扣和装饰扣之分。实用扣要与钮孔相吻合，实用钮孔长不能小于钮扣的直径和钮扣的厚度之和。钉钮扣时底线要放出适当松量作缠绕钮脚用，放出松量的多少与面料厚薄有关，越厚的面料放出松量应越多。装饰扣则不需考虑钮孔及放出松量多少。

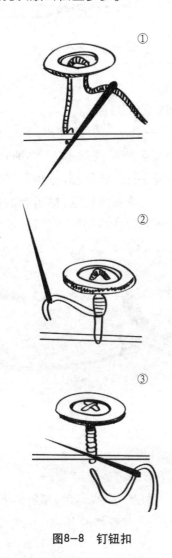

①

②

③

图8-8　钉钮扣

二、装饰手针工艺

装饰手针工艺是服装制作工艺的一个重要组成部分，由基本手针工艺演变而来。它具有刺绣、钉珠等各种形式。

下面介绍一些常用的装饰手针针法。

1. 平绣（图8-9）

平绣是刺绣的基本针法之一，也是各种针法的基础。其针法是：起落针都要在纹样的边缘，

线条排列均匀，紧而不重叠，稀而不露底，力求齐整。平绣按丝理不同可分直、横、斜绣三种。

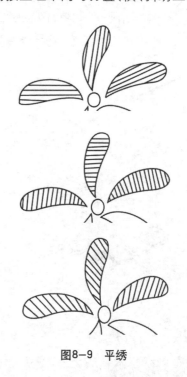

图8-9　平绣

2. 链条绣（图8-10）

链条绣顾名思义就是象链条一样线迹一环紧扣一环，如链状。

针法：分正套和反套。正套法为先绣出一个线环后，将绣针压住绣线运针，作成链条状。反套法为先将针线引向正面，再在与前一针并齐的位置插入绣针并压住绣线，然后在线脚并齐的地方绣第二针，逐针向上完成。

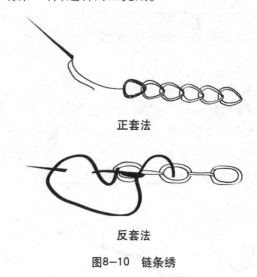

正套法

反套法

图8-10　链条绣

3. 杨树花绣（图8-11）

杨树花绣可用于高级服装的里子下摆处的装

饰,也可用来绣花卉图案的杆、茎等线条轮廓。

针法:一左一右地向下挑绣,挑出时针尖要压住绣线,针迹要求长短一致,图案顺直。可分为一针花、二针花和三针花等,视装饰需要而定。

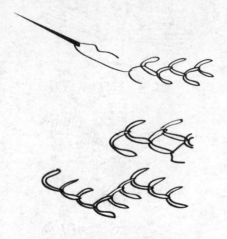

图8-11　杨树花绣

4. 切绣(图 8-12)

切绣是刺绣基本针法之一,一般用于绣花枝或轮廓线。

针法:将针横挑,向前进 0.4cm,左右,再向后退 0.2cm,形成紧密无间隙的 0.2cm 针距的线迹,要求排列均匀齐整。

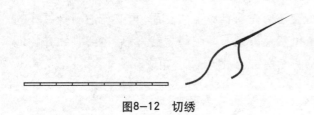

图8-12　切绣

5. 嫩芽绣(图 8-13)

嫩芽绣可绣各种图案,用途很广。

针法:将第一针穿出,第二针刺入面料后线不要拉紧,第三针在前两针的中上方或中下方刺出,针要压住前两针间的绣线,稍拉紧后成嫩芽状。

图8-13　嫩芽绣

6. 别梗绣(图 8-14)

别梗绣一般用于绣花枝或轮廓线。

针法:用回形针法,向前进 0.7cm 左右再向后退 0.2cm,一针紧贴着一针,要求排列均匀齐整。

图8-14　别梗绣

7. 绕绣(图 8-15)

常用于绣花蕾及小花。

针法:第一针从起针处穿出,第二针从落针处刺入后又从第一针处刺出,不要抽针,拿第一针未拉完的线在针上绕线圈(根据花形的大小决定圈数),绕好后线圈稍捏紧,抽出针后再从第二针处落针。要求线环扣得结实紧密,绕成的线环可以是长条形或环形。

图8-15　绕绣

8. 叶瓣绣(图 8-16)

多用于服装边缘处的装饰。

针法:先绣出一个线环后,手针再刺出布面,要压住绣线运针,使连接的各线环成为锯齿形。

图8-16　叶瓣绣

9. 打子绣(图 8-17)

多用于绣花蕊或用于装点图案局部。

针法：绣针穿出面料后，将绣线在针身上绕两圈，然后抽出绣针，再从线迹旁刺入。出针和进针相距越近，打子就越紧。要求要排列均匀。

图8-17　打子绣

10. 旋绣（图 8-18）

旋绣多用于绣花卉图案的枝梗。

针法：隔一定距离打一套结，再向前运针，周而复始，形成涡形线迹。

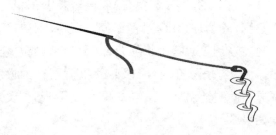

图8-18　旋绣

11. 山形绣（图 8-19）

山形绣多用于育克边缘装饰。

针法：走针方法与线迹同三角针相似，只是在斜行针迹的两端加一回针。

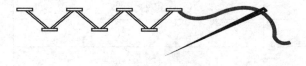

图8-19　山形绣

12. 十字绣（图 8-20）

十字绣是用十字针迹组成图案花形的一种针法。它以色彩鲜艳典雅、造型美观整齐而深受人们的喜爱。

针法：一种是将十字对称针迹一次挑成；另一种是依次先将同一方向的挑好，再从反方向依次挑好。要求排列整齐，"十"字的大小均匀。

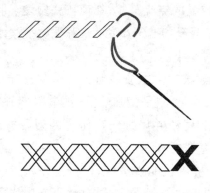

图8-20　十字绣

13. 竹节绣（图 8-21）

竹节绣是一种形似竹节的针法，多用于刺绣各类图案的轮廓线或枝、梗等线条。

针法：刺绣时将绣线沿图案线条，以每隔一定距离作一线结并绣穿面料。

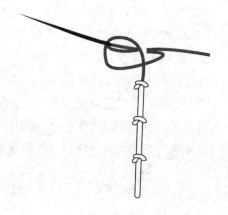

图8-21　竹节绣

14. 贴布绣

贴布绣就是把彩色布料裁剪成所设计的造型后装饰在服饰上。

针法：先描好图案的轮廓，将要贴上去的布用浆糊或手缝针固定在所要贴绣的位置，然后用竹节绣、旋绣或十字绣针法将其边缘扣光。

第二节　手工熨烫工艺

所谓熨烫，就是单独运用或组合运用温度、湿度和压力三个因素来改变织物密度、形状、式样以及结构的工艺过程，也是对服装材料进行除皱、热塑型和定型的过程。熨烫工艺是服装生产中的重要工序之一，从最初的衣料整理开始，直到最后成品的完美形式,都离不开熨烫。服装行业用"三分缝功七分烫功"来强调熨烫技术在服装缝制过程中的作用。

按照加工方式,熨烫可分为熨制、压制、蒸制三种形式。熨制是使加热器(如电熨斗)的表面在面料上移动并施加一定压力的熨烫方法;压制是将面料夹在两个热表面之间并加压的熨烫方法,如烫衣机的熨烫;蒸制则是以蒸汽喷吹织物表面或穿过衣片的形式,如人形喷吹熨烫机的熨烫。

一、熨烫的作用

在服装缝制工程中,熨烫工艺从原料测试、预缩到成品整形贯穿始终。熨烫主要有以下四个方面的作用:

1. **原料预缩**　在服装缝制前,尤其是棉、麻等天然纤维织物,要通过喷雾、喷水熨烫等不同方法,对面、辅料进行预缩处理,并烫掉折印、皱痕等,为后期制作工序创造条件。

2. **热塑变形**　通过运用归、拔、推等熨烫技巧,塑造服装的立体造型,弥补结构制图没有省道、撇门及分割等造型技术的不足,使服装立体、美观。

3. **定型、整形**　压、分、扣定型:在缝制过程中,衣片的很多部位要按照工艺的要求进行压实、分开等熨烫操作,以达到衣缝、褶裥平直,贴边平薄贴实等持久定型。

成品整形:通过整形熨烫,使服装达到平整、挺括、美观等成品外观形态。

4. **修正弊病**　利用面料纤维的膨胀、伸长、收缩等性能,通过喷雾、喷水熨烫,修正缝制过程中产生的弊病。如部件长短不齐,止口、领面、驳头、袋盖外翻等弊病,都可以用熨烫技巧给予修正。

二、熨烫的条件

1. 温度

一般来说,温度越高,织物越容易变形,但织物不同,其物理、化学性能不同,致使其耐热度也不同。当温度过高时会损坏织物,过低则熨烫无效,达不到塑形目的,所以必须根据面料的性质掌握不同熨烫温度。通常掌握的常用纤维熨烫温度如表8-1。

表8-1　常用纤维的熨烫温度

衣料名称	喷水熨烫温度 (℃)	盖水布熨烫温度 (℃)
全毛呢绒	160～180	170～180
混纺呢绒、化纤	140～150	150～160
真丝	120～140	140～160
全棉	150～160	160～180

2. 湿度

水汽能加速织物的传热能力,同时使纤维膨胀、伸展,有利于织物的热塑形。

3. 压力

压力是造成织物弹性形变和塑性形变的首要外力条件。熨烫压力的大小和时间长短,需根据衣料厚薄和原料固有性能而定。一般薄型质松的衣料所需压力较小,熨烫时间也短,厚型质密衣料反之。织物不能直接放在案面上熨烫,需垫薄毯,毛料产品还需上盖湿布,以保持衣服整洁而不产生极光。

4. 时间

结合熨烫的温度、湿度和压力,熨烫过程还必须保证有充分的延续时间,因为热在织物中传导及织物变形需要在一定时间内完成。

5. 冷却方式

冷却的目的是使织物降温，从而使熨烫所获得的变形固定下来。冷却越快越好。通常使用的冷却方式有自然冷却、冷压冷却以及抽湿冷却等。其中，抽湿冷却往往能起到较好的定型作用。

三、手工熨烫的常用工具及使用

1. 电熨斗

熨斗是通过加温、加压使衣物平整、变形的熨烫工具。使用多大功率的电熨斗，取决于操作面料的厚薄程度。电熨斗使用时先插上电熨斗的电源，并要注意它升温程度的变化。熨斗底板要保持清洁，不要沾上浆渍和污垢，以免影响熨烫效果，甚至弄脏、损坏衣物。不用的时候把它放在熨斗架上，不能放在织物和工作台上，以免烫坏衣物和工作台板，人离开时要切断电源。

现在一般家庭都使用蒸汽熨斗，它有温度调节装置和辅助喷水功能，使用起来很方便。

2. 喷水壶

熨烫时常常需要在衣物上均匀喷水，这就要用到喷水壶，喷水壶是熨烫工艺中不可缺少的一种辅助工具。喷水壶喷出的水能作云雾状散开，可以喷的非常均匀。

3. 烫枕（也叫"熨烫馒头"）

"馒头"里面放了填充物，这种拱形的熨烫枕垫常常用于熨烫服装的胸部和臀部等丰满凸起的部位。使服装熨烫后具有立体效果。

4. 刷子和水盆

在熨烫时用于局部加湿的工具。刷子的毛最好是羊毛，因为羊毛吸水饱满且毛较软，不易损坏面料，刷水均匀。

5. 马凳

根据不同的服装可以选用不同大小的马凳作为熨烫的衬垫。它的下面是平的，上边圆头里面加了一些垫绒，向上隆起成圆弧形的烫垫。主要用于烫裤腰、裙腰、袖子等圆筒状衣物时作衬垫。利用马凳上部拱形来熨烫大衣的肩部，这样烫出来就平顺且带弧形，并且不影响其他部位。

6. 烫布

也称水布，为棉布去浆后制成。在熨烫时把烫布覆盖在衣料上，可起到避免衣料烫脏和减少极光的作用。

7. 烫垫

专业或半专业用的烫垫熨烫时垫在衣物与工作台之间，既可以避免熨烫时工作台弄脏衣服或使衣物不平整，又可充分吸收衣物受烫时渗出的水分。上面是一层棉布作垫布，下面一般采用呢料或毛毯。

8. 烫袖板

烫袖板是用来熨烫服装的衣袖和肩部、裤腿等较狭窄部位。

9. 烫衣板

烫衣板是一般家庭使用的，可以折叠收藏。板面内有填充物使它的面成拱形。

四、熨烫方法分类和应用

熨烫工艺要求根据面料质地和衣片所处的部位以及服装的款式、造型、结构等不同要求来选择运用不同的技法。根据面料质地不同和工艺要求不同，我们大致可以把熨烫工艺分成：平烫，归烫，拔烫，推烫、扣烫、分烫、压烫七种基本技法。

1. 平烫（图8-22）

平烫是将衣物放在衬垫物上，依照衬垫物的形状烫平，不作特意伸缩处理，是最基本的技法，用途最广泛。平烫时，右手握住熨斗，按自右向左，自下向上的方向推移。熨斗向前推时，熨斗尖略抬起一点，向后退时，熨斗后部略抬起一点，这样熨斗才能进退自如。熨烫时用力要均匀，左手按住布料配合右手动作，使熨斗推动时布料不跟随移动。

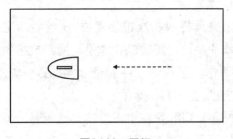

图8-22 平烫

2. 归烫（图 8-23）

归就是归拔，是把衣料按已定的要求挤拔归缩在一起加以定型的手法。归缩一般是从里面做弧形运动，逐步向外缩烫至外侧，缩量渐增，压实定型，造成衣片外侧因为纱线排列的密度增加而缩短，从而形成外凹里凸的对比及弧面变形。简单来说，归烫就是把直线或者外弧衣片边线烫成内弧线。归烫时，右手推移熨斗，左手归拔丝线，用力要根据位置变化而变化。熨烫后的布料变形自然，扇面平服。归的时候，利用织物的自然弹性，将长的归短，熨斗走的时候，沿边要轻轻抬起，左手将面料送进，慢慢归拔。

3. 拔烫（图 8-24）

拔就是拔开，把衣料按预先定下的要求伸烫拔开并加以定型的手法。一般是由内侧边做弧形运行。由加力抻拔逐步向外推进，拔量渐减，并压实定型，造成衣片外侧因纱线排列的密度减少而增长，相应的表面中间呈众向的中凹形变。简单来说，拔烫就是把内弧衣片边线烫成直线或外弧线。拔烫时双手用力要根据拔烫部位的不同而有轻重的变化；布料变形自然，扇面平整；底边凹进处要烫直，实际操作中应拔烫的过头一些，即向外凸一些，以作为回缩的余量。

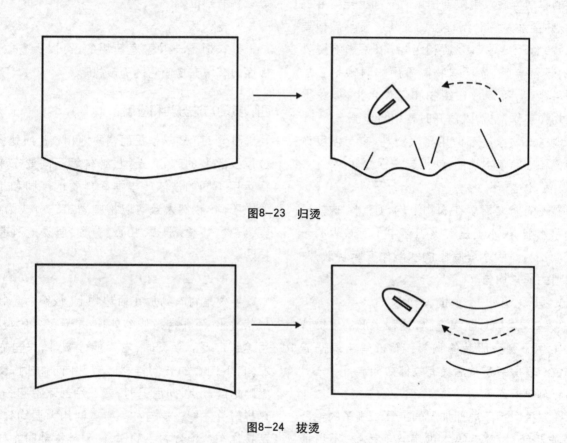

图8-23 归烫

图8-24 拔烫

4. 推烫

推烫是将衣物丝推移变位，使丝线向定位方向移动的手法。推烫的操作是随同归或拔的相应配合动作。推烫时右手持着熨斗，左手加力，慢慢向前推，把布料推直。

5. 扣烫（图 8-25）

扣烫是把衣料折边或翻折的地方按要求扣

压、烫实定型的熨烫手法。扣烫分扣倒或扣折，扣倒是衣片按预定要求一边折倒而扣压烫定型；扣折是把衣片按预定要求双折扣压烫定型。扣烫操作时一般是一手扣折，一手烫压。像衣服的下摆、袖口，裤子的裤口等有倒缝的部位都要用到扣烫。扣烫省道时，在省道和面料之间放上一片大于省长和省宽的纸条，可以避免在服装的正面

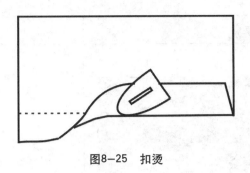

图8-25 扣烫

出现压痕。

6. 分烫

分烫又称"分缝",是一种将缝在一起的衣料缝分开烫平的方法。专用于服装中的分缝。分烫时以左手食指、拇指、中指配合动作,轻轻拨开缝份,右手握熨斗以熨斗尖逐渐跟进,分完缝份后

翻转衣料,使缝份向下,用熨斗底面全部压在布面上来回熨几下,把布面烫平。

7. 压烫

压烫是加力压实的烫法,主要用于较厚的毛呢服装,对其边角构层较多的部位要烫出平薄的效果来往往需要加力扣实。

第三节　基础缝制工艺

一、基础缝型工艺

基础缝型对于服装工艺来说是非常重要的一个环节,是后面的服装成品工艺制作的基础。本书主要介绍一些比较常用的基础缝型工艺。具体缝型名称及相关内容见表8-2。

表8-2　各种常用的基础缝型工艺

工艺名称	工艺图示及缝制方法、注意要点		说　明
1.平缝		把两层缝料的正面相对,于反面缉线。这种缝型宽一般0.8~1.2cm。在缝制开始和结束时要作倒回针,以防止线头脱散,并注意上、下层布片的齐整和相等。	平缝是最基本、简便的缝法,被广泛用于上衣的肩缝、侧缝、袖子的内外缝等部位。
2.扣压缝		将一片缝料按规定的缝份扣倒烫平,再把它按规定位置组装在另一缝料上,两缝料正面朝上,缉上0.1cm的明线。	扣压缝常用于男裤侧缝、衬衫的覆肩、贴袋等部位。
3.明包缝（外包缝）	① 将两片缝料的正面与反面相对,正面朝上,其中一片缝料边沿多出一个缝边宽度。	② 把缝边宽度扣折回来,包住另一缝料的毛边。	明包缝的外观特点是正面有两根线（一根面线,一根底线）,反面一根底线。常用于西裤和茄克衫等服装的缝制上。

工艺名称	工艺图示及缝制方法、注意要点	说　明
	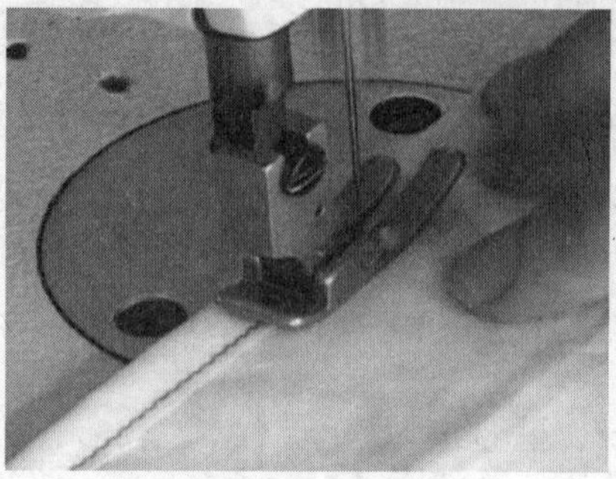 ③ 缉压一道0.1cm窄明线。 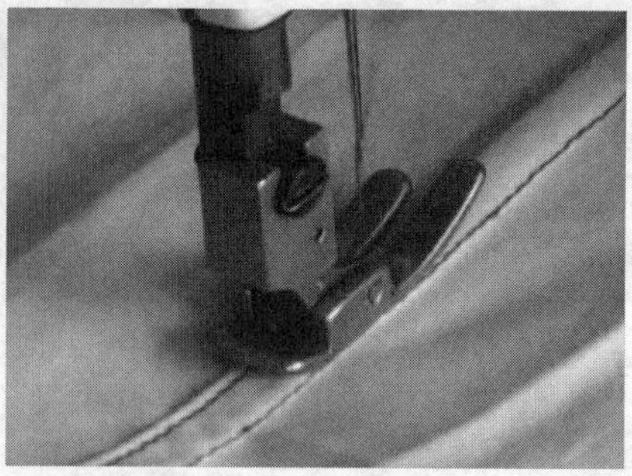　④ 把包缝缝头按包缝宽度扣折，保证毛边藏在缝头内。缝料正面朝上，然后距包缝的边缘缉0.1cm明线一道。包缝宽度有0.5cm、0.6cm、0.7cm等多种。	
4.暗包缝（内包缝）	示意图略 缝制方法与明包缝相同。将两片缝料的正面相对，在反面按包缝宽度做成包缝。包缝宽度有0.4cm、0.6cm、0.8cm、1.2cm等。	暗包缝是正面可见一根面线，反面两根底线。常用于肩缝、侧缝、袖缝等部位。
5.来去缝	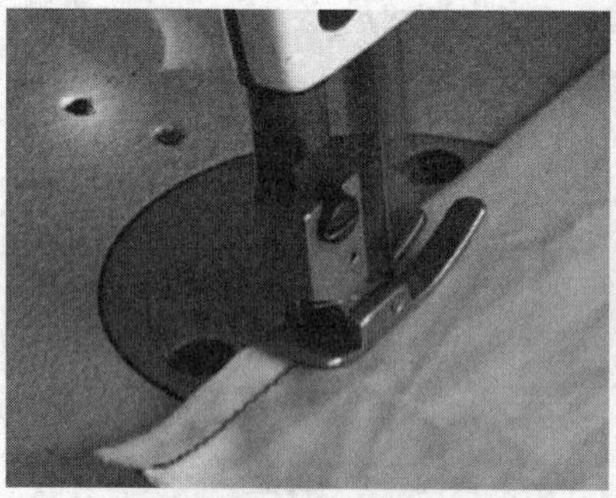 ① 先将缝料反面相对，距边缘0.3~0.4cm缉一道明线，并将缝份修剪整齐。 　② 再将两缝料正面相对，缉一道不小于0.6cm的缝份，且保证第一次缝份的毛边不能露出。	此缝型是正面不见缉线的缝型，牢度大、光边、缝份窄，是缝制细薄面料的理想缝型。
6.搭接缝	 将两片缝料按拼接的缝份正反面相对重叠，在中间缉一道线将其固定。这种缝法可减小缝份的厚度。	这种缝法两层布交叉叠合，感觉最平薄，主要在拼接衬布时使用。

工艺名称	工艺图示及缝制方法、注意要点		说　明
7.卷边缝	示意图略	先把缝料折叠一个缝份，一般为0.5~1cm，再继续折起一个贴边宽度，然后缉清止口而形成的缝型。操作时要求扣折的衣边平服，宽度一致，止口整齐。	常用于轻薄透明衣料或不加里子服装的下摆。
8.分压缝	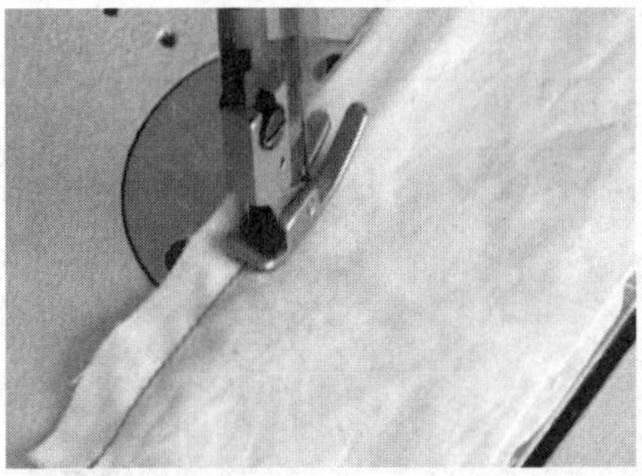 ① 先把缝料正面相对，于反面缝合一个缝份。   ③ 然后把两层缝料倒向同一侧，在缝料倒向侧距缝口0.1cm处缉定一道窄明线。	② 分烫缝份。	多用于薄料的裤子裆缝、后缝等处的缝合，起固定缝口、增强牢度的作用。
9.骑缝（闷缝、咬缝）	① 把宽缝料的反面与窄缝料的正面沿边缘对齐，距边缘0.7~0.8cm处缉缝一道明线。 ③ 最后在距卷折边止口0.1cm处缉一道明线。要求第二道线刚好盖住第一道线，卷折边口不能看见第一道线迹与缝份。	② 把窄缝料正面朝外，卷折过来刚好盖住之前缉缝的明线，缝料正面朝上。	此种缝法常用于绱领、绱袖头、绱裤腰等工艺。

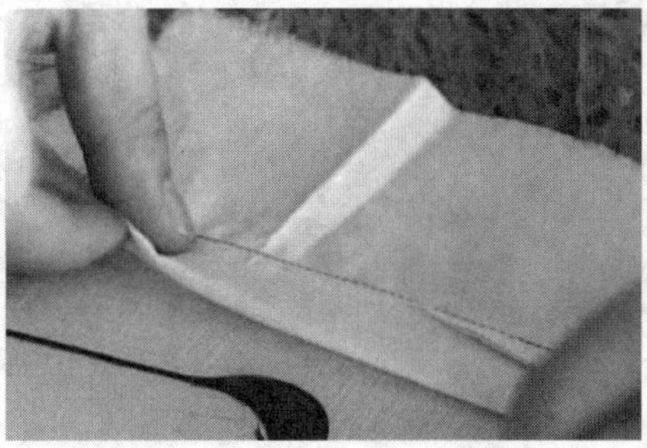

二、基础零部件缝制工艺

在进行整件服装的缝制之前,需要先进行一些基本零部件的缝制训练,以提高初学者的缝制工艺水平,为以后的整件服装缝制打好基础。

本书作为工艺的基础篇,选择无领贴边工艺、立领工艺、一片式衬衫领工艺及单嵌线袋工艺四种基本零部件的缝制工艺进行说明。

(一)无领贴边工艺

贴边工艺多用于无领或无袖等服装部件的缝制中,可增强相关部位的牢固度、平整度和美观度。这里以无领贴边的缝制工艺为例进行贴边工艺的缝制说明(表8-3)。

表8-3　无领贴边工艺

工艺步骤	图示及制作方法		使用工具
1.贴边黏衬、锁边	 ① 将面料贴边的反面黏上无纺衬; 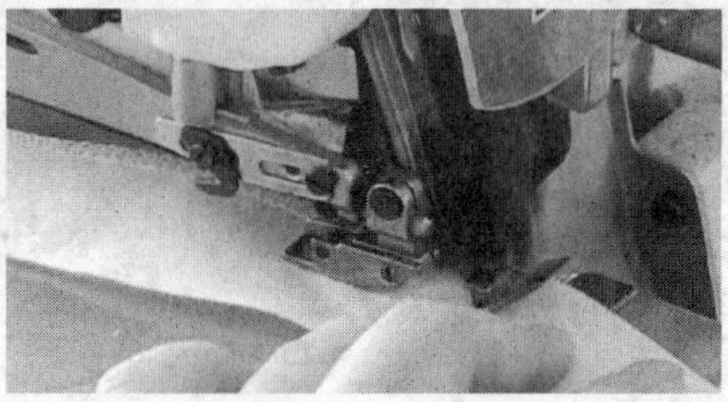	② 贴边外口用三线包缝机锁边。	电熨斗、三线包缝机
2.缝合前、后领的贴边		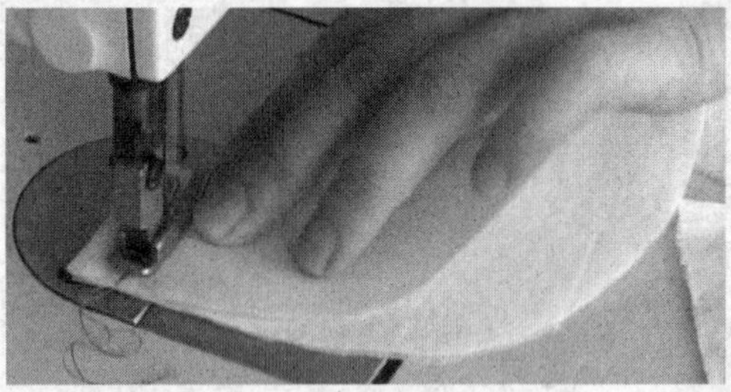 前领贴边和后领贴边正面相对于肩缝处绱缝,分烫缝份。	单针平缝机、电熨斗
3.绱贴边	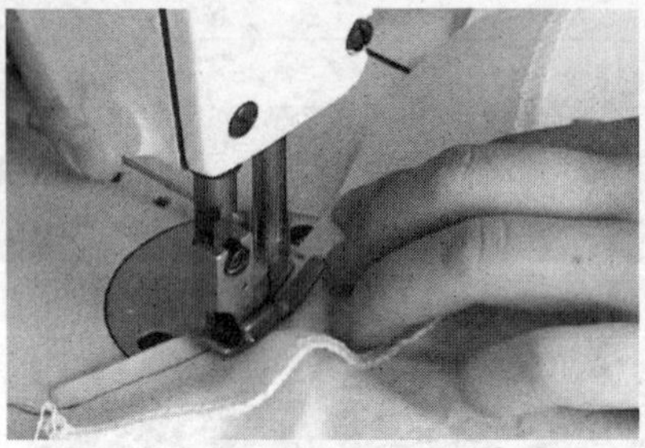 ① 将贴边与衣身领口正面相对,保证贴边与衣身的左、右肩缝对齐,不错位。 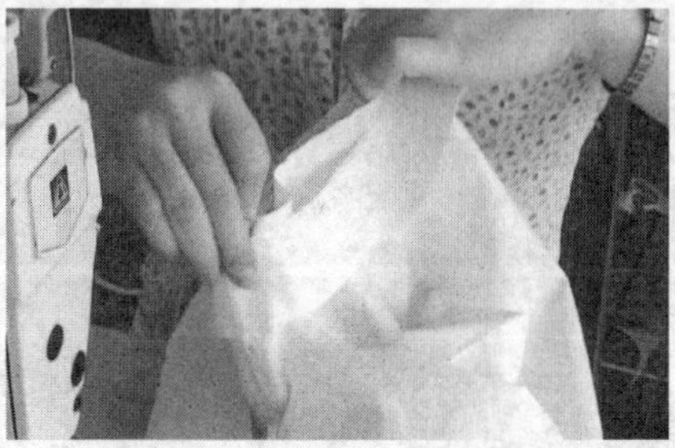	② 距净缝线0.2cm处把贴边绱缝至衣身领口上,要保证缝线顺直,无拧绞现象。	单针平缝机
4.打剪口		 在缝份的弧线部位打剪口,剪口开至距缝口0.2cm处。	剪刀

工艺步骤	图示及制作方法	使用工具
5.定贴边	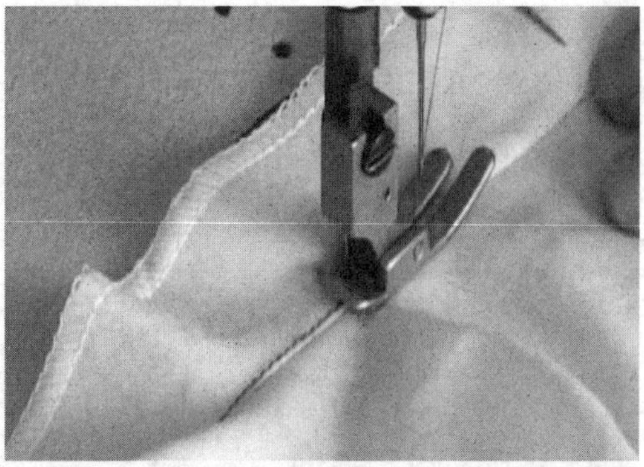 将缝份倒向贴边一侧。贴边正面朝上，在贴边侧距缝口0.1cm处缉缝固定贴边与缝份。	单针平缝机
6.成品整烫	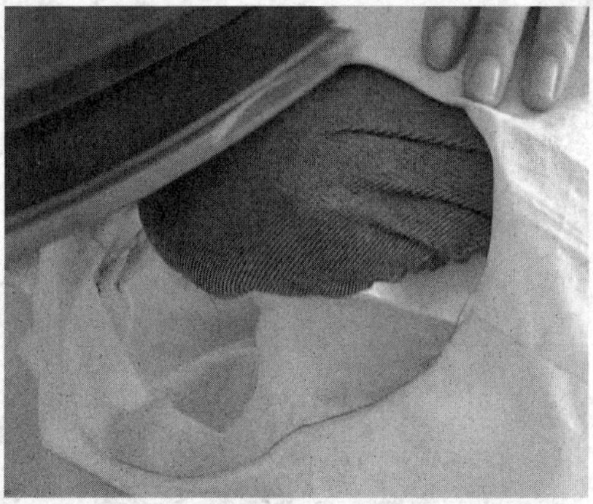 把贴边沿净缝线扣折向衣身反面，熨烫。	电熨斗

（二） 立领制作工艺

立领是衣身的基础领形之一，具有较强的实用性，广泛应用于男、女中式服装中。近年来随着中国传统服装的重新崛起，立领已经被越来越多的人们所接受和喜爱。立领的制作工艺可以作为两片式翻领工艺的基础（表 8-4 ）。

表8-4　立领制作工艺

工艺步骤	图示及制作方法	使用工具
1.领片黏衬、扣烫领里下口	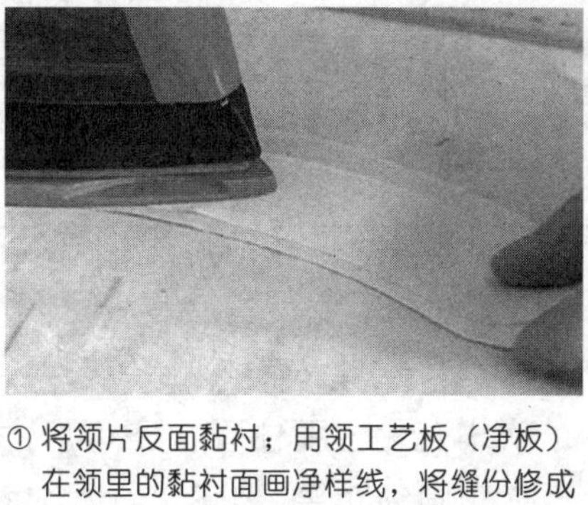 ① 将领片反面黏衬；用领工艺板（净板）在领里的黏衬面画净样线，将缝份修成1cm； 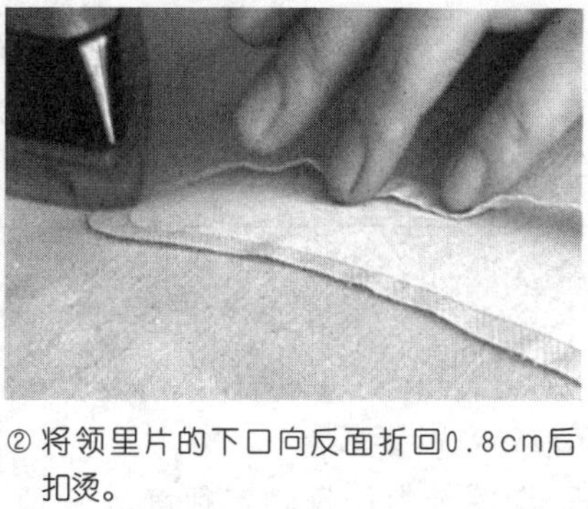　② 将领里片的下口向反面折回0.8cm后扣烫。	电熨斗

工艺步骤	图示及制作方法	使用工具
2.缝合立领	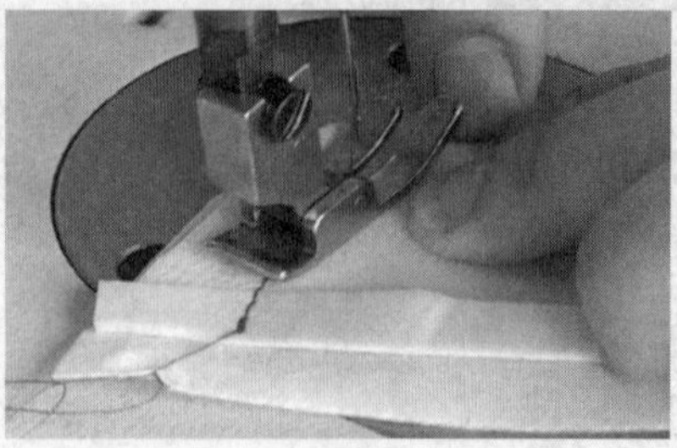 ① 将立领的领面和领里正面相对，领里在上沿净缝线勾缝三边（领下口除外）。 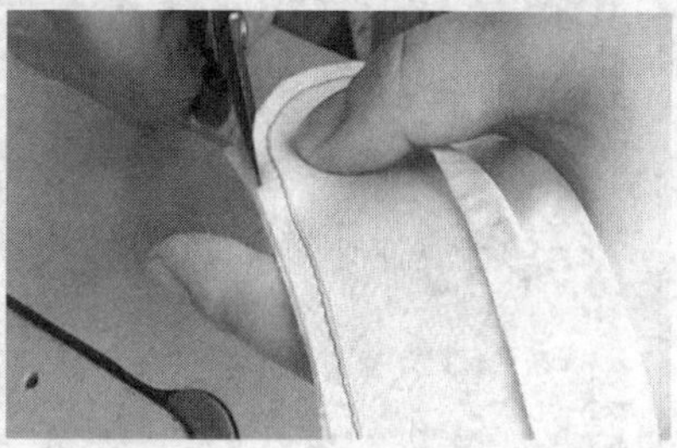 ② 修剪缝份。 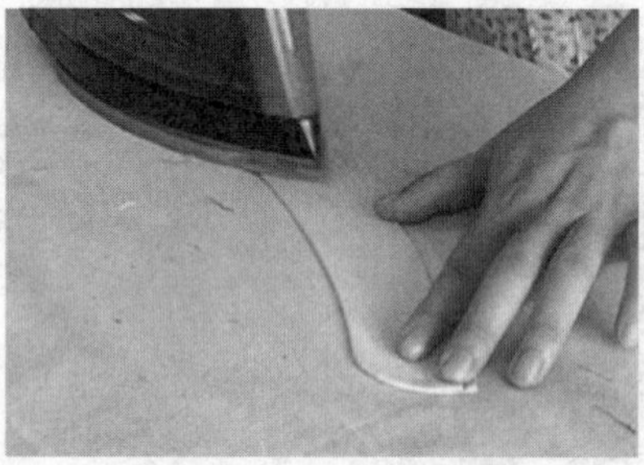 ③ 将立领翻至正面，整好领角，扣烫止口，整烫领子。	单针平缝机、剪刀、电熨斗
3.绱领	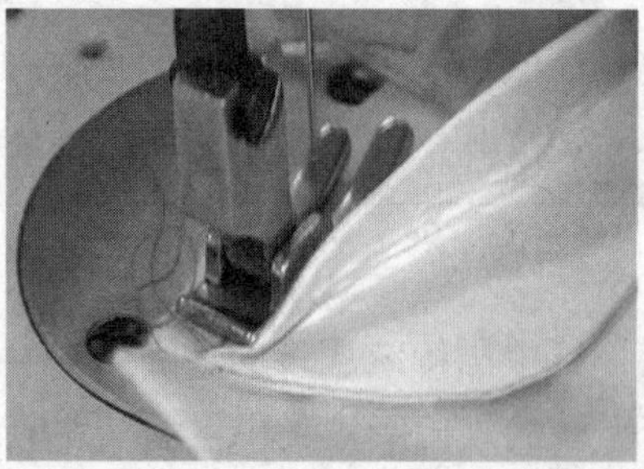 ① 将领面和衣身领口正面相对，从前中线起沿净缝线平缝缉合。 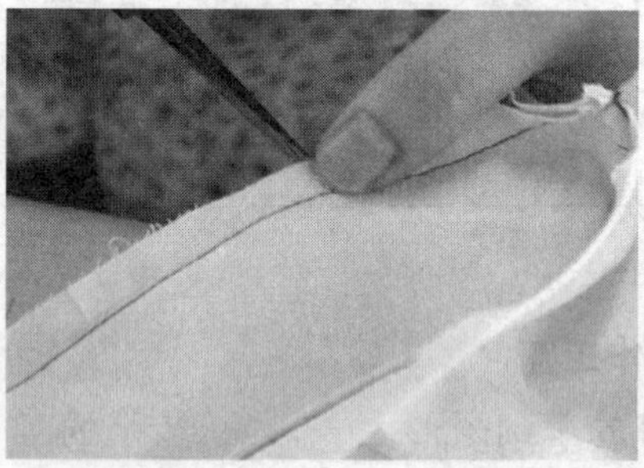 ② 在缝份的弧线部位打剪口，剪口开至距缝口0.2cm处。  ③ 将领面翻上，与领里一起夹住领圈缝份，领里的下口折边盖过缉领线0.1cm，领面在上，沿缉领线压缉一道明线，固定领里片，整烫。	单针平缝机剪刀、电熨斗

（三）一片式衬衫领制作工艺

衬衫领是男、女服装中使用频率很高的一种领形。一片式衬衫领在女装中非常常见，衬衫领款式变化主要体现在领角部位，如方领角、尖领角和圆领角等，但不管款式怎样变化，其缝制工艺是基本一致（表8-5）。

表 8–5 　一片式衬衫领制作工艺

工艺步骤	图示及制作方法	使用工具
1.领片黏衬	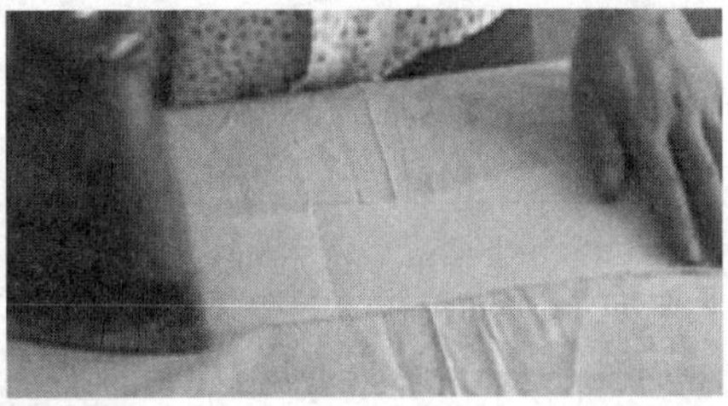 将领面裁片反面黏上无纺衬。	电熨斗
2.画净样线、扣烫领里下口	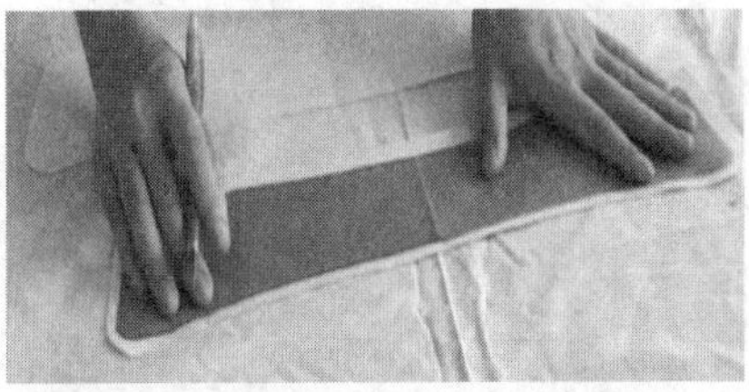 ① 用领工艺样板（净板）在领片的黏衬面画净样线，并修剪缝份成1cm。 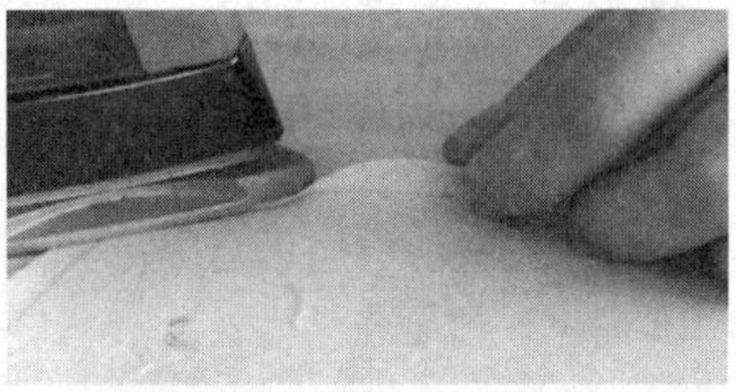　② 将领里裁片的下口向反面扣烫0.8cm。	电熨斗、水溶性铅笔
3.做衬衫领	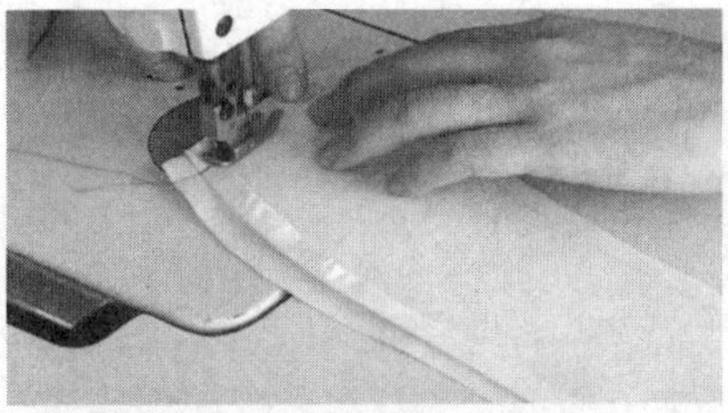 ① 将领面和领里正面相对，领里在下，沿净缝线勾缝三边（为了产生窝势，车缝时，稍拉紧领里，特别是在领角处）。 　② 修剪缝份，将领子正面翻出，用锥子整理好领角，扣烫领止口，注意不能使领里反吐止口。	单针平缝机、电熨斗、锥子
4.绱领	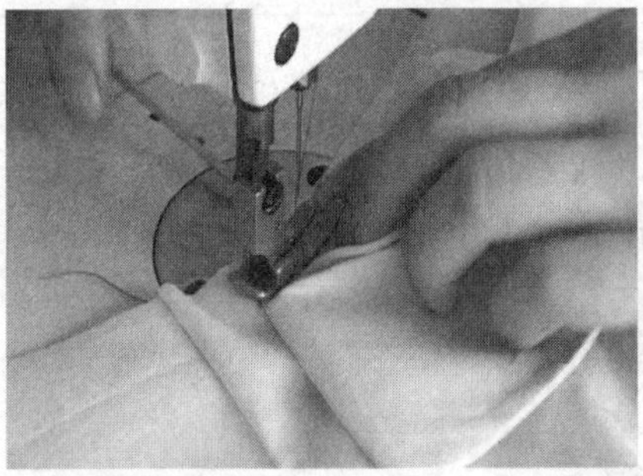 ① 将领面和衣身领圈正面相对，从前中线起沿净缝线对位平缝绱合。在缝头的弧线部位打剪口。 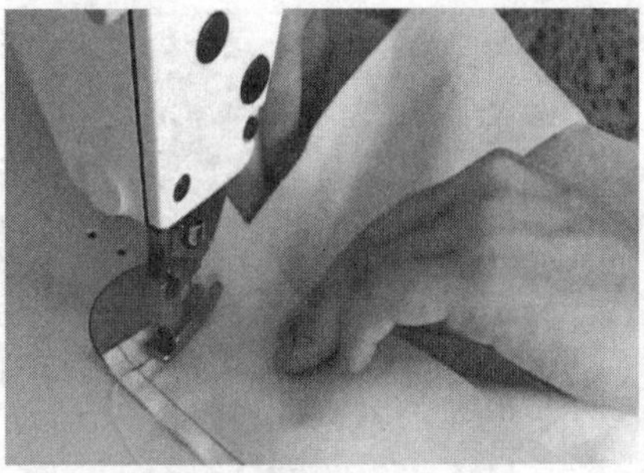　② 在衣身领口门襟处，将门襟贴边与衣身正面相对，绱缝，然后门襟正面翻出，调整边角。  ③ 将领面翻上，与领里一起夹住领圈缝份，领里的下口折边盖过绱领线0.1cm，领面在上，沿止口压绱一道0.1侧面的明线，固定领里片，整烫。	单针平缝机、电熨斗、锥子

（四）单嵌线挖袋制作工艺

嵌线挖袋是最常见的口袋之一,既可以用于上衣,也可用在裤子上。种类主要有单嵌线袋和双嵌线袋;款式可以根据需要缝制成横嵌线袋或斜嵌线袋等。这里介绍单嵌线袋的缝制方法,该嵌线袋广泛应用于各类服装之中(表8-6)。

表8-6　单嵌线挖袋制作工艺

工艺内容步骤	图示及制作方法	使用工具
1.黏衬、画袋位	 在衣片袋口位及嵌线反面黏上无纺衬;在衣片的正面及嵌线的黏衬面画出袋口形状。	水溶性铅笔、电熨斗
2.绱嵌线布	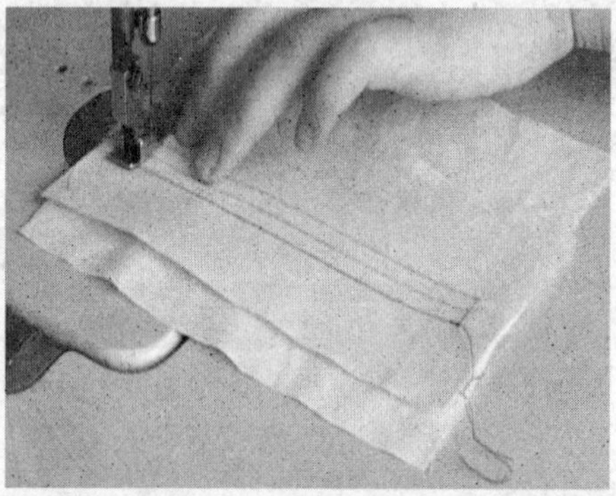 将嵌线布与衣片正面相对,袋位线对齐,嵌线布在上,沿袋口线缉缝一圈。	单针平缝机
3.剪袋口	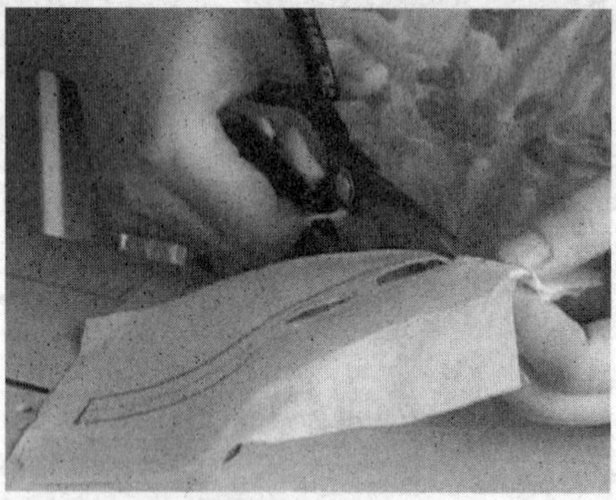 沿嵌线布袋位线的中间线位置将袋口剪开,距袋口两端约1cm处开始剪三角口(注意:剪袋口时不能剪断袋口处嵌线缝线,也不能距此太远,要留1~2根纱线距离。	剪刀
4.翻嵌线	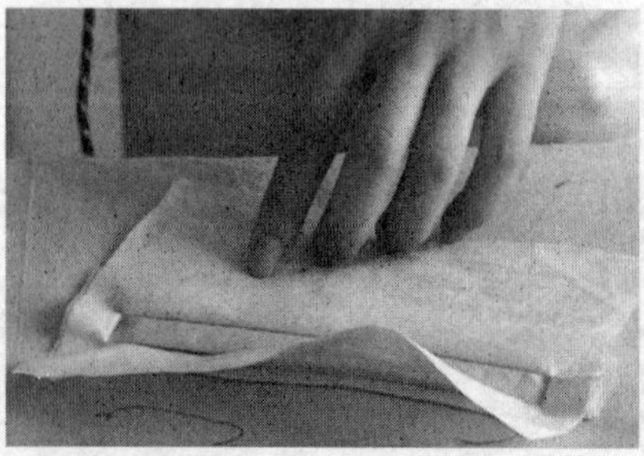 ①将嵌线布通过剪开的袋口翻至衣片反面。 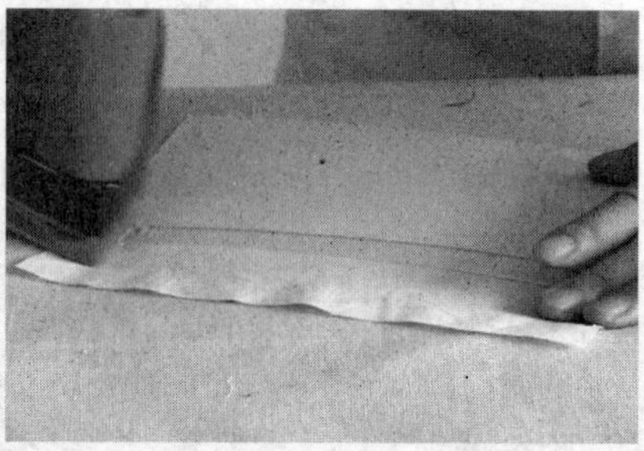　②调整平顺、熨烫。	电熨斗

工艺步骤	图示及制作方法	使用工具
5.封三角、定嵌线	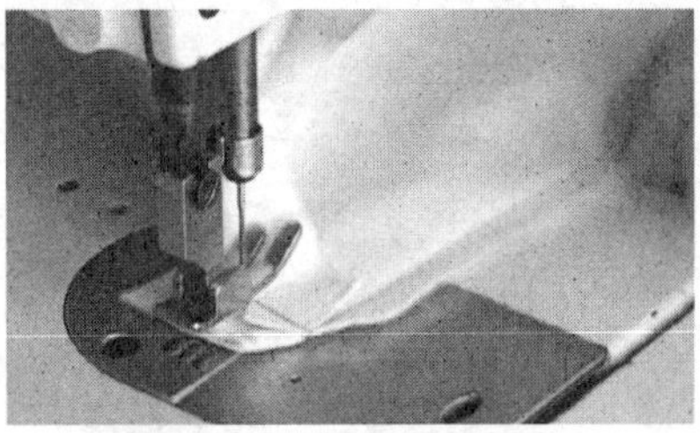 ① 在反面来回车缝嵌线翻过来的三角，封定三角。 　　② 沿着袋位下缝口反面缉缝一道线，将嵌线的下口与之缝定在一起，固定嵌线。 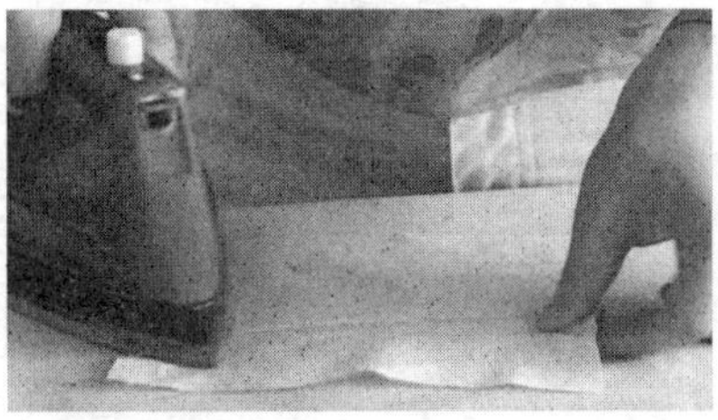 ③ 翻至衣片正面，熨烫袋口及嵌线，使之平顺。 　　④ 衣片正面朝上，沿袋口四周缉缝一道0.1cm的窄明线。	单针平缝机、电熨斗、锥子
6.绱袋布	将垫袋布下口熨烫扣光或锁边后缝定于后袋布上（图略）。 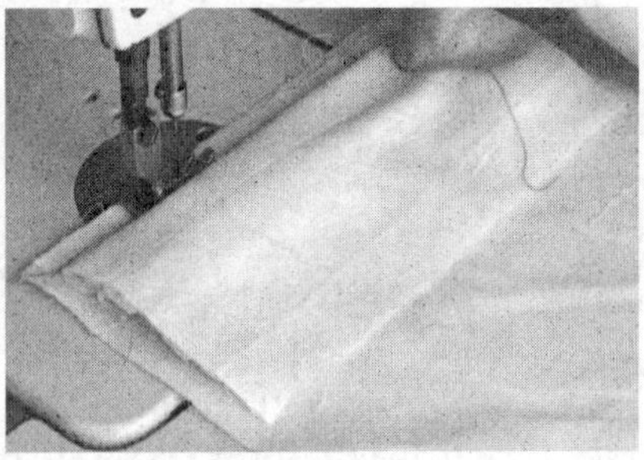 ① 将前袋布上边缘缉缝固定于衣片反面袋位下缝口处。 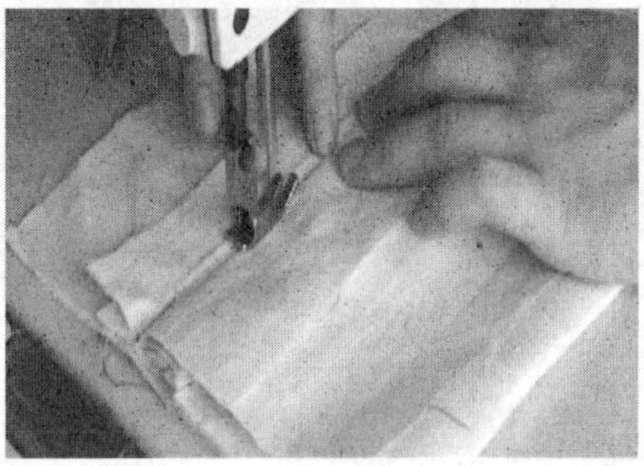　　② 将后袋布下边缘缉缝固定于衣片反面袋位上缝口处。 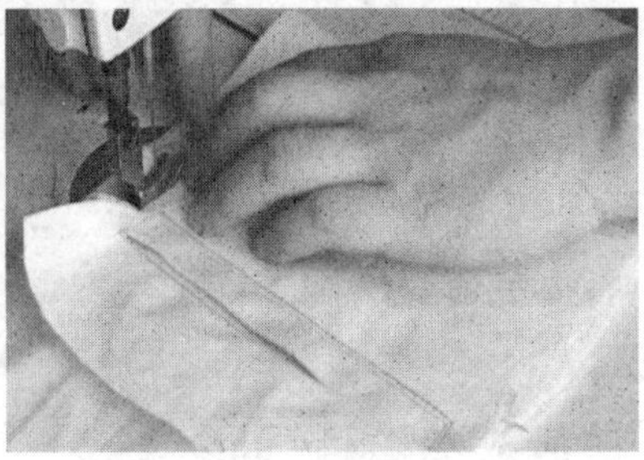 ③ 对齐前、后袋布，按缝份勾缝一圈，然后修剪袋布，将袋边沿锁边或者包缝。完成。	电熨斗、单针平缝机、剪刀、三线包缝机

当然，服装的部件远不止这几个，各种部件工艺也是纷繁复杂。本书选择以上四个零部件工艺作为基础缝制训练内容，至于其他的部件工艺我们会结合整体的服装款式缝制工艺在系列丛书的其他书中进行讲解。

第四节 女衬衫缝制工艺

女衬衫是女装的主要品种之一，易受流行的影响，款式变化多样，有各种各样的装饰加工工艺，如机绣、贴绣、抽纱、嵌线，缉单裥等。结合前面的女上装结构理论内容，本书将以女衬衫缝制工艺流程的讲解作为成衣缝制的范例。

一、女衬衫外形概述与规格尺寸

1. 女衬衫款式特点

本款式为合体一片式翻领衬衫，明门襟，右襟开5个扣眼，直下摆，长袖，灯笼袖口，袖口开小袖衩，收碎褶，窄袖头。左、右前片收腋下省和腰省各一个，后片收腰省两个。下图为女衬衫款式图。

2. 女衬衫规格设计

二、女衬衫用料与裁片分配

1. 面料选择

由于材料的特性涉及的面非常广泛，本衬衫选用可缝性好的纯棉面料或者混纺面料。在进行结构设计时，不考虑材料因素。

2. 用料计算

面料（幅宽为144cm）：衣长＋袖长＋10cm ＝ 64+53+10 ≈ 130cm。

无纺衬需要60cm左右。

3. 裁片分类

面料类：前衣片（2片）、后衣片（1片）、袖片（2片）、领面（1片）、领里（1片）、袖头（2片）、袖衩滚条（2片）等共11片。

衬料类：前衣片门襟、领里、袖头黏无纺衬。

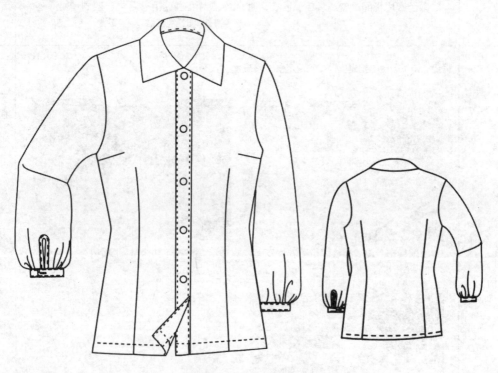

图8-26 女衬衫款式图

表8-7 女衬衫成品规格及细部规格表 （单位：cm）

号/型	名 称	衣 长	胸 围	肩 宽	袖 长	袖 口
	规 格	64	98	40.6	53	23
160/84A	名 称	袖头长	袖头宽	袖衩长	领座宽	领面宽
	规 格	23	3	7	2.5	3.5

辅料类：缝纫线、扣子等。

三、女衬衫的主要质量指标

这里用的衬衫主要质量指标引自GB/T26 60-1999有关衬衫的质量、规格的要求部分细则。

1. 规格要求（如表8-8）
2. 规格测定方法（表8-9及图8-27）

表8-8　衬衫成品主要部位规格极限偏差表　　　　　　　单位：cm

部位名称	一般衬衫	棉衬衫
领大	规格±0.6	±0.6
衣长	规格±1.0	±1.5
袖长（长袖）	规格±0.8	±1.2
袖长（短袖）	规格±0.6	—
胸围	规格±2.0	±3.0
肩宽	规格±0.8	±1.0

表8-9　规格测定方法

部位名称	测量方法
领大	领子摊平横量，立领量上口，其他领量下口
衣长	前、后身底边拉齐，由领侧最高点垂直量至底边
袖长	由袖子最高点量至袖头边
胸围	扣好钮扣，前、后身放平（背褶不可拉开）
肩宽	男衬衫：由过肩两端、后领窝2～2.5cm处为定点水平测量 女衬衫：由肩袖缝交叉处，解开钮扣放平量

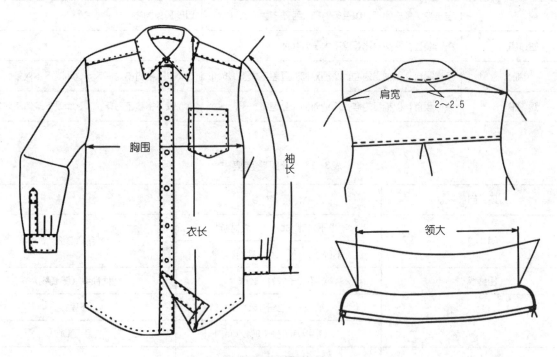

图8-27　规格测量图

3. 外观质量要求

（1）面料对条、对格规定，见表8-10。

（2）拼接规定：优等品全件产品不允许拼接，装饰性拼接除外。

（3）缝制规定：

① 针距密度，见表8-11规定。

② 各部位缝制线路整齐、牢固、平服。

③ 上、下线松紧适宜，无跳线、断线，起落针处应有回针。

④ 领面部位不允许跳针、接线，其他部位30cm内不得两处有单跳针（链式线迹不允许跳针）。

⑤ 领子平服，领面松紧适宜，不反翘、不起泡、不渗胶。

⑥ 商标位置端正，号型标志清晰、正确。

⑦ 袖、袖头及口袋和衣片的缝合部位均匀、平整、无歪斜。

⑧ 锁眼位置准确，一头封口上、下回转四次以上，无开线。

⑨ 扣与眼位相对，针距密度和线量应达到表8-11规定。

（4）整烫外观：

① 成品内、外熨烫平服、整洁。

② 领形左右基本一致，折叠端正、平挺。

③ 同批产品的整烫折叠规格应保持一致。

表8-10 面料条、格要求（面料有1cm以上明显条格的，按该表规定对条、格）

部位名称	对格对条规定	备 注
左右前身	条料对中心（领眼、钉扣）条，格料对格互差不大于0.3cm	格子大小不一致，以前身1/3上部为准
袋与前身	条料对条，格料对格，互差不大于0.2cm	遇格子大小不一致，以袋前部的中心为准
斜料双袋	左右对称，互差不大于0.3cm	以明显条为主（阴阳条例外）
左右领尖	条格对称，互差不大于0.2cm	阴阳条格以明显条格为主
袖头	左右袖头条格顺直，以直条对称，互差不大于0.2cm	以明显条为主
后过肩	条料顺直，两头对比互差不大于0.4cm	
长袖	条格顺直，以袖山为准，两袖对称，互差不大于0.5cm	2cm以下格料不对横，1.5cm以下不对条
短袖	条格顺直，以袖口为准，两袖对称，互差不大于0.5cm	2cm以下格料不对横，1.5cm以下条料不对条

表8-11 针距密度要求

项 目	针距密度	备 注
明 线	不少于14针/3cm（一般衬衫）	包括暗线
	不少于11针/3cm（棉衬衫）	
包缝线	不少于12针/3cm	包括锁缝（链式线）
锁眼	（细线）不少于15针/cm	机锁
	（粗线）不少于9针/cm	手工锁
钉 扣	（细线）不低于8根线/孔	—

四、女衬衫缝制程序及方法

女衬衫缝制程序及方法见表8-12。

表8-12 女衬衫缝制程序及方法

工艺步骤	图示及制作方法	使用工具
1.做门襟、里襟	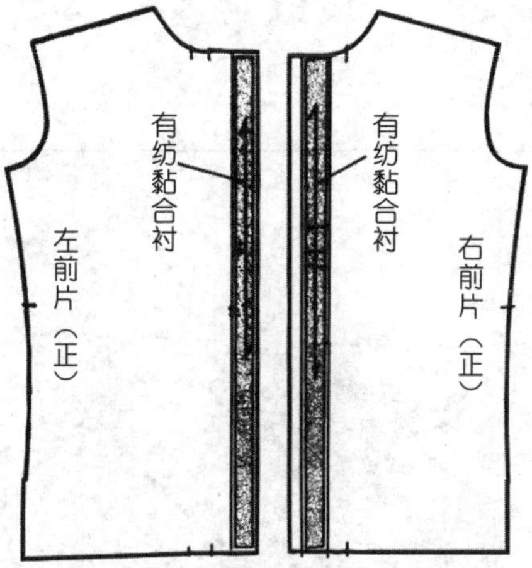 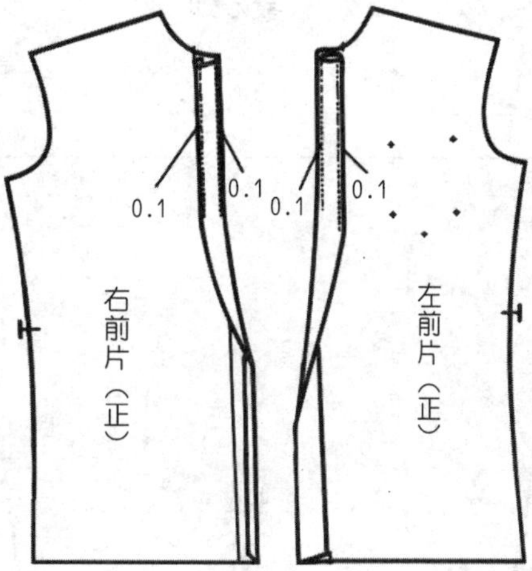 ① 衣片门、里襟黏衬：按照剪口位置将无纺衬黏贴在左、右前片正面的门、里襟处。 ② 扣烫门、里襟贴边：先按照第一剪口扣光毛边，然后按照第二剪口折转贴边，扣烫。 ③ 门、里襟缉明线：将门、里襟贴边两止口缉0.1cm的明线。	电熨斗，工业平缝机
2.缉缝省、褶	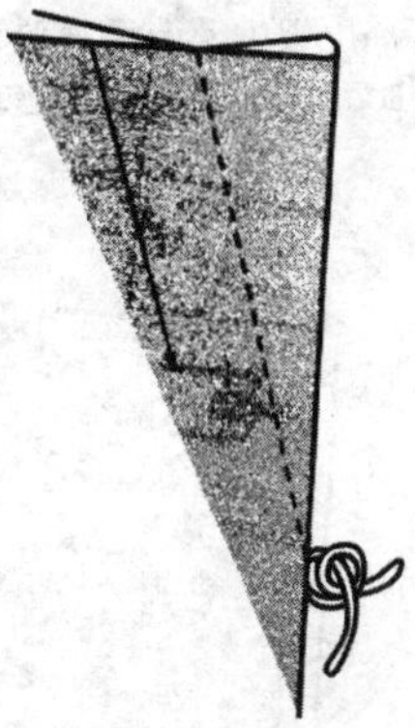 按照对位与缝制标记在衣身反面缝合省。缉省时由省根缉向省尖，并在省尖处留线头3～4cm，打结后剪短。 烫省：前身省缝倒向侧缝方向，后身省缝倒向后中心线方向，横省倒向肩缝方向。	电熨斗，工业平缝机
3.合肩缝	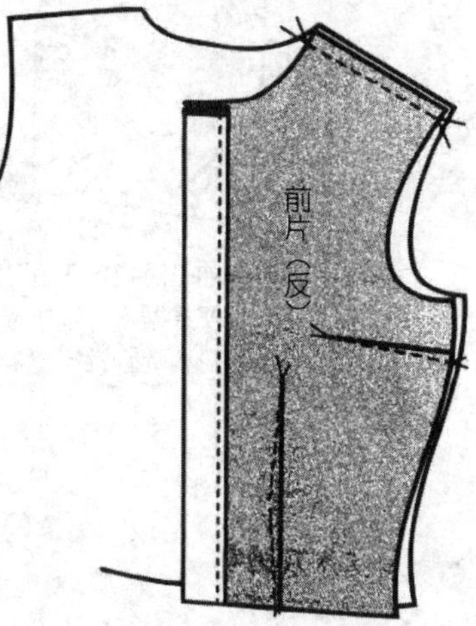 前、后片肩缝正面相对，车缝1cm缝份，起止针打回车。然后前片在上两层缝头一起锁边。最后将缝份烫倒向后衣片。	电熨斗，工业平缝机，三线包缝机

工艺步骤	图示及制作方法	使用工具
4.做领子,装领子	参见表8-5 参见零部件缝制工艺部分的一片式翻领工艺。	电熨斗,工业平缝机
5.做袖衩	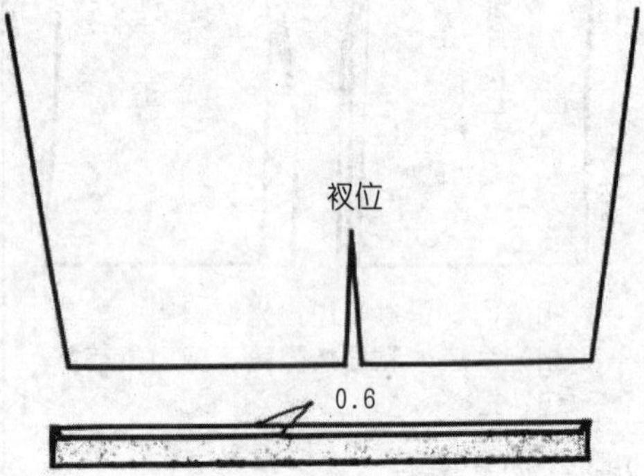 ① 按照标记剪开袖衩,将袖衩条一边向反面扣烫0.6cm。 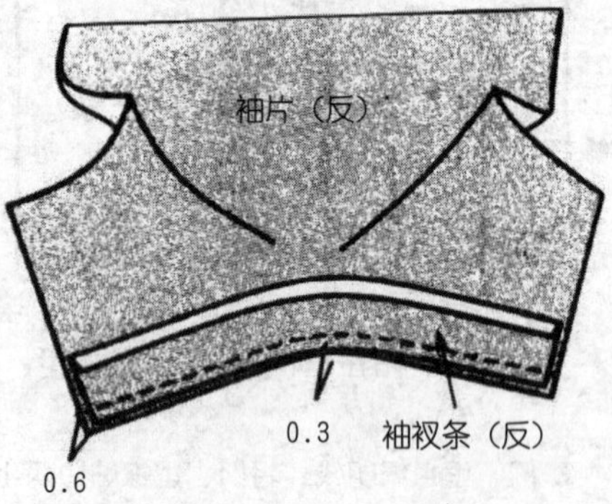 袖位 0.6 ② 缉缝袖衩条:将袖衩条未扣的一边正面与袖片衩口部位反面对齐车缝,缝份0.6cm,开衩转弯处缝份0.3cm。 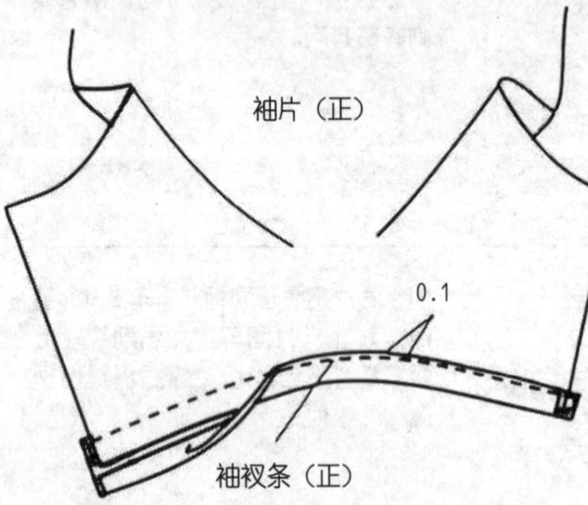 袖片(反) 0.3 袖衩条(反) 0.6 ③ 将袖衩翻到正面,在袖子正面将扣光缝份的袖衩条一边盖过第一道缝线,缉明线0.1cm。 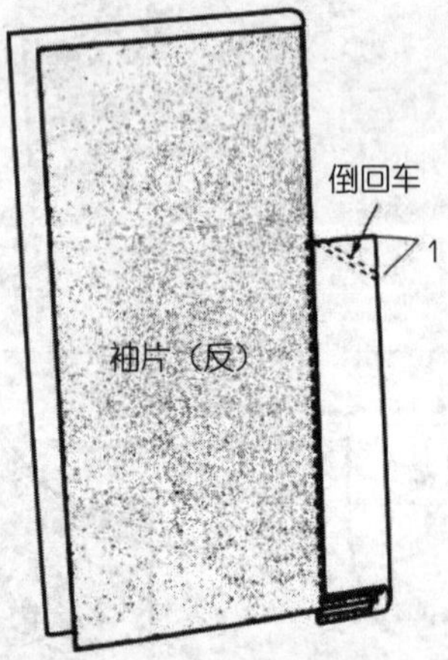 袖片(正) 0.1 袖衩条(正) ④ 封袖衩:将袖子沿衩口正面对折,袖口平齐,衩条摆平,在袖衩转弯处向袖衩外口斜向回针缉缝3～4道线封口。 倒回车 1 袖片(反)	电熨斗,工业平缝机

工艺步骤	图示及制作方法	使用工具
6.装袖	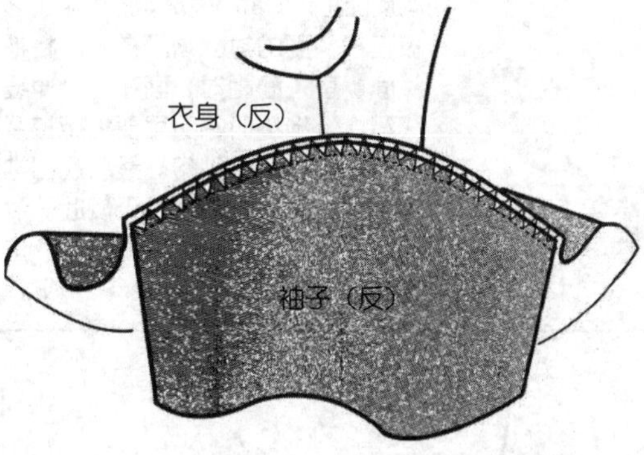 衣身（反） 袖子（反）	袖片在下，衣身在上，正面相对，使袖山与袖窿的标记对合，按1cm缝份平缝缉合。 将袖山袖窿两层缝份一起锁边。	工业平缝机，三线包缝机
7.缝合侧缝及袖底缝	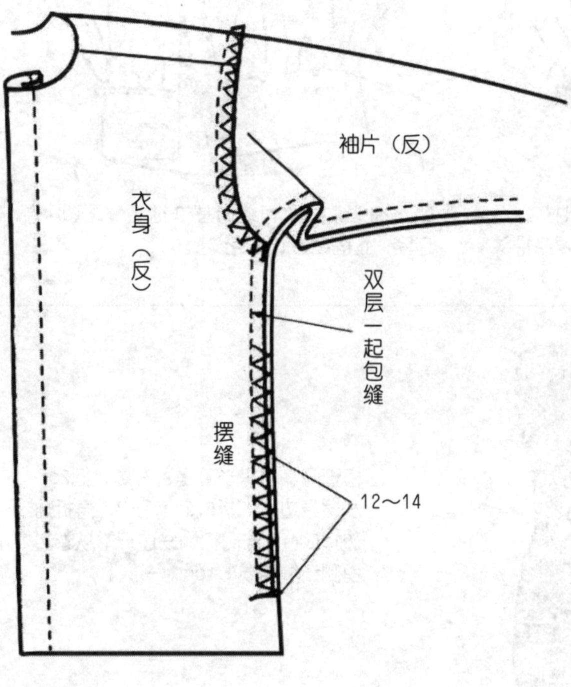 衣身（反） 袖片（反） 双层一起包缝 摆缝 12～14	前衣片在上，后衣片在下，正面相对，袖底十字缝对齐，从衣身下摆处起针缝合，一直缝到袖口。缝合时袖窿缝份要倒向衣袖方向。侧缝、袖底缝完成后将两层缝份毛边一起锁边。	工业平缝机，三线包缝机
8.袖口抽细褶	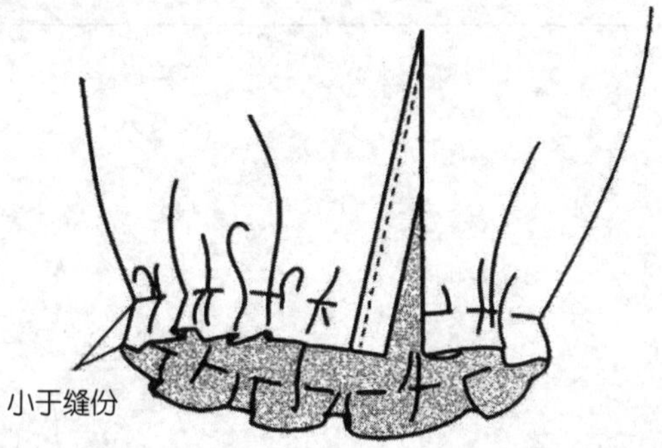 小于缝份	用大针码在需要抽细褶的部位沿边缉线，缉线要缉在缝份部位。抽缝后袖口长度与袖头长度一致，为了便于抽线，可将平缝机上的线调松一些。	工业平缝机

工艺步骤	图示及制作方法		使用工具
9.做袖头	做袖头图略	做袖头：袖头面黏衬，再将袖头面向反面扣转0.8cm烫平。然后用工艺板在袖头面的衬上画净样线。将袖头面、里正面相对，面在上沿净缝线绲合，绲缝时袖头里要稍微拉紧些，以便做出里外匀。最后翻出袖头正面，烫平，使止口无反吐。然后把袖头里的下口缝份塞进面、里之间，使得里比面多0.1cm，烫平。	电熨斗、工业缝纫机
10.装袖头	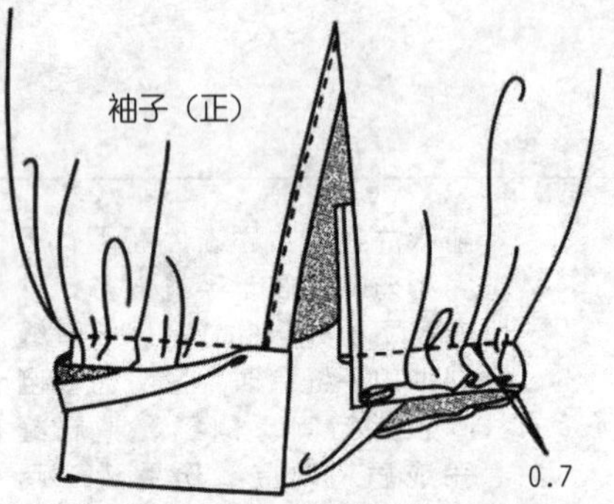 ① 袖头里正面与袖片反面相对，袖口对齐，沿净缝线车缝。注意，袖衩两端一定要使袖头偏出0.1cm。 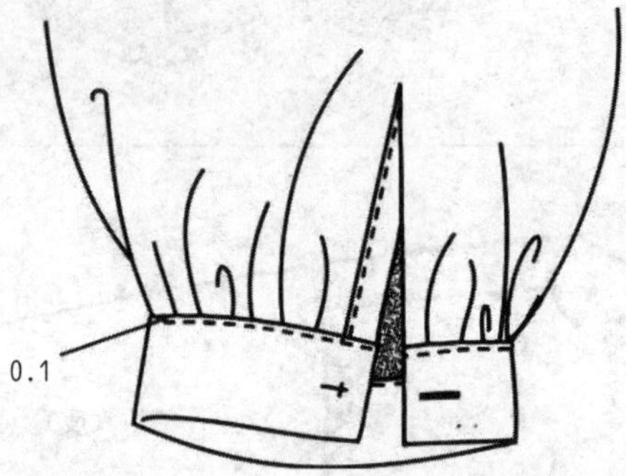	② 翻正袖头，把所有缝份塞进袖头，两边包紧，正面绲0.1cm明线。	电熨斗，工业平缝机
11.卷底摆		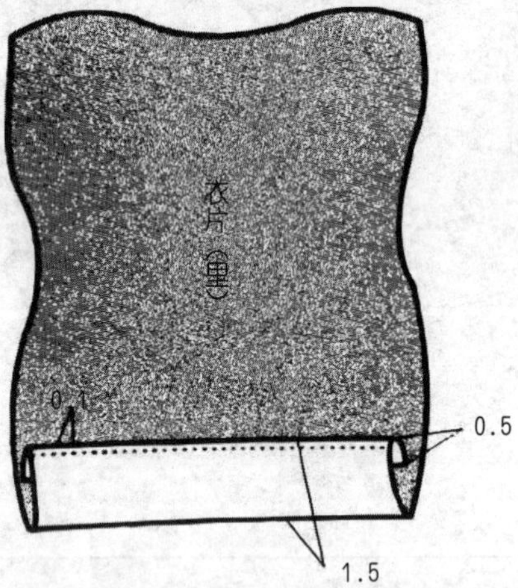 检查门、里襟长度是否一致，把2cm底摆卷边，先折0.5cm毛边，再折贴边1.5cm，自门襟侧底边开始从卷边里侧绲缝明线0.1cm。	工业平缝机

工艺步骤	图示及制作方法	使用工具
12.锁眼，钉扣	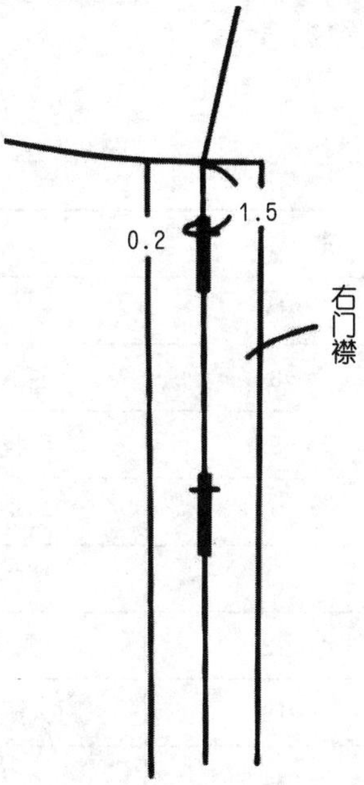 锁眼：在右门襟锁直扣眼五个，第一个为开领向下1.5cm，其他扣眼距离根据规格要求确定。袖头锁横扣眼一个。 钉扣：门、里襟对平齐，钉扣与扣眼位置一致，钉牢。 0.2　1.5　右门襟	锁眼机，钉扣机
13.成品整烫	图略 ① 清剪线头，清除污渍。 ② 避开扣眼和钮扣，熨烫门、里襟。 ③ 烫衣袖、袖头，烫袖底缝。将细褶放均匀，不用烫平。 ④ 烫领子。先烫领里再烫领面，然后将衣领翻折，烫成圆弧形。 ⑤ 烫侧缝、下摆贴边和后身衣片。 ⑥ 扣好钮扣，放平衣服，烫平左右衣片。	电熨斗，烫台

思考与练习：

1. 熟练掌握常用手针工艺。

2. 结合常用基础手针针法和装饰手针针法，用彩色缝线在 30cm×30cm 的白布上设计一副手针工艺作品。

3. 熟练掌握"推、归、拔"熨烫工艺。

4. 各种基础缝型的练习。

5. 工艺作业：

1）立领制作；

2）单嵌线挖袋制作；

3）设计并制作一件长袖女衬衫。

附表1 人体尺寸测量表

人体测量数据表

班级：＿＿＿＿＿＿＿＿   姓名：＿＿＿＿＿＿＿＿   性别＿＿＿＿＿＿＿＿

围 度 测 量					
编号	部 位	尺寸（cm）	编号	部 位	尺寸（cm）
1	胸围（ ）		8	肘 围	
2	胸下围		9	手腕围	
3	腰围（ ）		10	手掌围	
4	腹围（ ）		11	头 围	
5	臀围（ ）		12	颈 围	
6	臂根围		13	大腿围	
7	臂 围		14	小腿围	

宽 度 测 量					
编号	部 位	尺寸（cm）	编号	部 位	尺寸（cm）
15	肩 宽		17	胸 宽	
16	背 宽		18	乳间距	

长 度 测 量					
编号	部 位	尺寸（cm）	编号	部 位	尺寸（cm）
19	身 高		25	臂 长	
20	颈椎点高		26	腰围高	
21	背 长		27	腰 长	
22	后腰节长		28	上裆长	
23	胸 高		30	下裆长	
24	前腰节长		31	膝 长	

其 他					
编号	部 位	尺寸（cm）	编号	部 位	尺寸（cm）
31	上裆前后长		32	体 重	

号 型 类 别				
胸腰差	cm	体形类别		号型标志

附表2　英、美、日女装规格和参考尺寸

图1　日本女装规格(JIS)表　　　　　　　　　　　　　　　　　（单位：cm）

类别		普 通 规 格							
类别	胸　围	77	80	83	86	89	92	95	
	腰　围	56	58	60	63	66	69	72	
	衣　长	91～95	94～98	94～98	97～101	97～101	99～103	99～101	灵活范围
基本尺寸	胸　围	77	80	83	86	89	92	95	
	腰　围	56	58	60	63	66	69	72	
	臀　围	85	87	89	91	94	97	100	
	背　长	35～36	36～38	36～38	37～39	37～39	37～39	37～39	灵活范围
	袖　长	49～51	50～52	51～53	52～54	52～54	52～54	52～54	灵活范围
	裙　长	56～58	58～60	58～60	60～62	60～62	62～64	62～64	灵活范围
类别		特 殊 规 格					少 女 规 格		
类别	胸　围	92	95	98	101	105	80	82	84
	腰　围	74	76	78	80	83	61	60	60
	衣　长	102	103	105	105	105	93	97	100

图2　日本女装规格和参考尺寸（文化型）　　　　　　　　　　　（单位：cm）

	规格 名称	S	M	ML	L	LL
围度	胸　围	76	82	88	94	100
	腰　围	58	62	66	72	80
	臀　围	84	88	94	98	102
	颈跟围	36	37	39	39	41
	头　围	55	56	57	57	57
	上臀围	24	26	28	28	30
	腕　围	15	16	16	17	17
	掌　围	19	20	20	21	21

规格 名称	S	M	ML	L	LL
背 长	36	37	38	39	40
腰 长	17	18	18	20	20
袖 长	50	52	53	54	55
全肩宽	38	39	40	40	40
背 宽	34	35	36	37	38
胸 宽	32	34	35	37	38
股上长	25	26	27	28	29
裤 长	88	93	95	98	99
身 长	150	155	158	160	162

（长度）

图3　日本最新女装规格和参考尺寸　　　　　（单位：cm）

	规格 名称	文化型					登丽美型		
		S	M	ML	L	LL	小	中	大
围度	胸 围	78	82	88	94	100	80	82	86
	腰 围	62~64	66~68	70~72	76~78	80~82	58	60	64
	臀 围	88	90	94	98	102	88	90	94
	中腰围	84	86	90	96	100			
	颈跟围						35	36.5	38
	头 围	54	56	57	58	58			
	上臂围						26	28	30
	腕 围	15	16	17	18	18	15	16	17
	掌 围						19	20	21
长度	背 长	37	38	39	40	41	36	37	38
	腰 长	18	20	21	21	21		20	
	袖 长	48	52	53	54	55	51	53	56
	全肩宽								
	背 宽						33	34	35
	胸 宽						32	33	34
	股上长	25	26	27	28	29	24	27	29
	裤 长	85	91	95	96	99			
	身 长	148	154	158	160	162			

图 4　英国女装参考尺寸　　　　　　　　　　　　　　　　　　　　（单位：cm）

规格 名称	8	10	12	14	16	18	20	22	24	26	28	30
胸　围	80	84	88	92	97	102	107	112	117	122	127	132
腰　围	60	64	68	72	77	82	87	92	97	102	107	112
臀　围	85	89	93	97	102	107	112	117	122	127	132	137
颈跟围	35	36	37	38	39.2	40.4	41.6	42.8	44	45.2	46.4	47.6
颈　宽	6.75	7	7.25	7.5	7.8	8.1	8.4	8.7	9	9.3	9.6	9.9
上臀围	26	27.2	28.4	29.6	31	32.8	34.4	36	37.8	39.6	41.4	43.2
腕　围	15	15.5	16	16.5	17	17.5	18	18.5	19	19.5	20	20.5
背　长	39	39.5	40	40.5	41	41.5	42	42.5	43	43.2	43.4	43.6
前身长	39	39.5	40	40.5	41.3	42.1	42.9	43.7	44.5	45	45.5	46
袖隆深	20	20.5	21	21.5	22	22.5	23	23.5	24.2	24.9	25.6	26.3
背　宽	32.4	33.4	34.4	35.4	36.6	37.8	39	40.2	41.4	42.6	43.8	45
胸　宽	30	31.2	32.4	33.6	35	36.5	38	39.5	41	42.5	44	45.5
肩宽(半些肩)	11.75	12	12.25	12.5	12.8	13.1	13.4	13.7	14	14.3	14.6	16.9
全省量 （乳凸）	5.8	6.4	7	7.6	8.2	8.8	9.4	10	10.6	11.2	11.8	12.4
袖　长	57.2	57.8	58.4	59	59.5	60	60.5	61	61.2	61.4	61.6	61.8
股上长	26.6	27.3	28	28.7	29.4	30.1	30.8	31.5	32.5	33.5	34.5	35.5
腰　长	20	20.3	20.6	20.9	21.2	21.5	21.8	22.1	22.3	22.5	22.7	22.9
裙　长	57.5	58	58.5	59	59.5	60	60.5	61	61.25	61.5	61.75	62

图5 美国女装规格及参考尺寸

（单位：cm）

规格\名称	女青年规格					成熟女青年规格					妇女规格					少女规格					备注
	12	14	16	18	20	14.5	16.5	18.5	20.5	22.5	36	38	40	42	44	9	11	13	15	17	
胸 围	88.9	91.4	95.3	99.1	102.9	97.8	102.9	108	113	118.1	101.6	106.7	111.8	116.8	122	85.1	87.6	91.4	95.3	99.1	包括放松量6.4cm
腰 围	67.3	71.1	74.9	78.7	82.6	76.2	81.3	86.4	91.4	96.5	77.5	82.6	87.6	92.7	97.8	63.5	66	69.2	72.4	76.2	包括放松量2.5cm
臀 围	92.7	96.5	100.3	104.1	105.4	99	104.1	109.2	114.3	119.4	104.1	109.2	114.3	119.4	124.5	87.6	90.2	93.3	96.5	100.3	
落肩度	7.6	7.6	7.6	7.6	7.6	7.6	7.6	7.6	7.6	7.6	7.6	7.6	7.6	7.6	7.6	7.6	7.6	7.6	7.6	7.6	定寸
背 长	40.6	41.3	41.9	42.5	43.2	38.7	39.4	40	40.6	41.3	43.2	43.5	43.8	44.1	44.5	38.1	38.7	39.4	40	40.6	
袖缝长	41.9	43.2	45.1	47	48.9	46.4	48.9	51.4	54	56.5	48.3	50.8	53.3	55.9	58.4	40	41.3	43.2	45.1	47	
袖内缝长	41.9	42.5	43.8	44.5	44.5	41.3	41.9	42.5	43.2	43.2	44.5	44.5	44.5	44.5	44.5	39.4	40	40.6	41.9	42.5	胸围1/2减去2.5cm
腰 上	18.1	18.4	19.1	19.7	20.3	19.1	19.4	19.7	20.3	21	20.6	21.5	21.9	22.2	22.2	17.1	17.5	17.8	18.1	18.4	腋下至手腕
股上长	29.8	30.5	31.1	32.4	33						33	33.7	34.3	34.9	35.6	29.2	29.8	30.5	31.1	31.8	
裤 长	104.1	104.8	105.4	106	106.7	100	100	100	100	100	106.7	106.7	106.7	106.7	106.7	96.5	97.8	99.1	100.3	102.2	
身 长	165	165.7	166.3	167	167.6	157	157	157	157	157	169	169	169	169	169	152	155	157	160	164	

附表3　英式女装原型（套装原型）

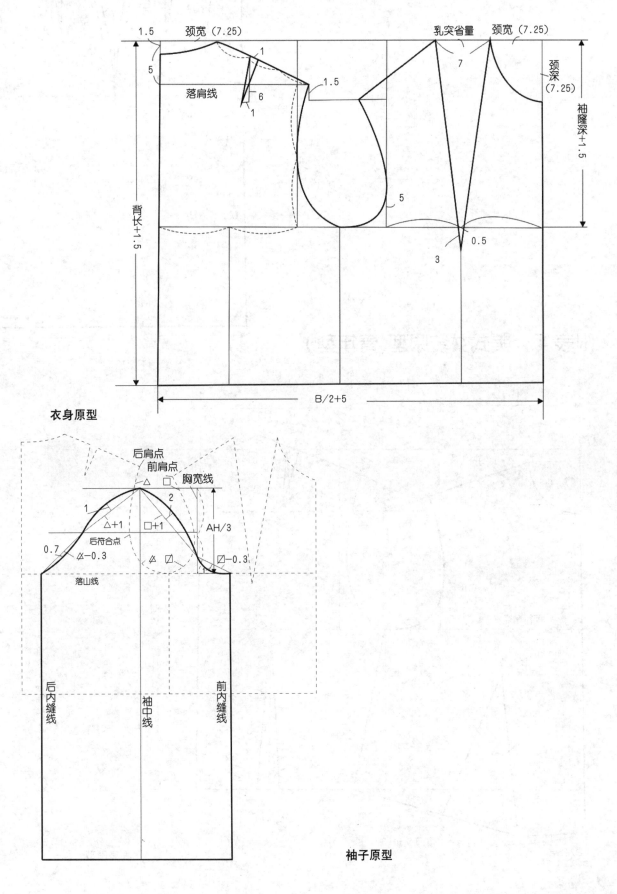

衣身原型

袖子原型

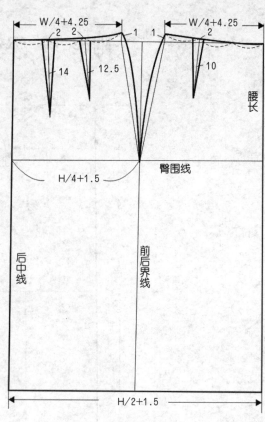

W/4+4.25

W/4+4.25

14 12.5 10

腰长

H/4+1.5

臀围线

后中线

前后界线

H/2+1.5

裙原型

附表 4 美式女装原型(青年型)

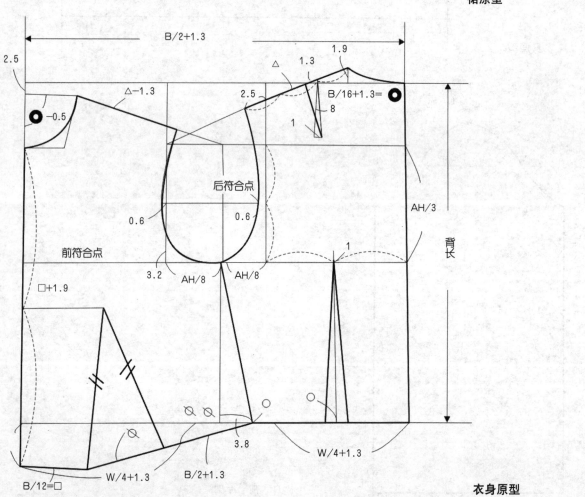

B/2+1.3

1.9

2.5

△−1.3

1.3

2.5

B/16+1.3=

−0.5

8

1

后符合点

0.6

0.6

AH/3

背长

前符合点

□+1.9

3.2 AH/8 AH/8

1

W/4+1.3

3.8

B/12=□ W/4+1.3 B/2+1.3

衣身原型

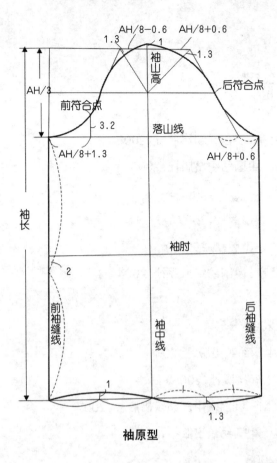

袖原型

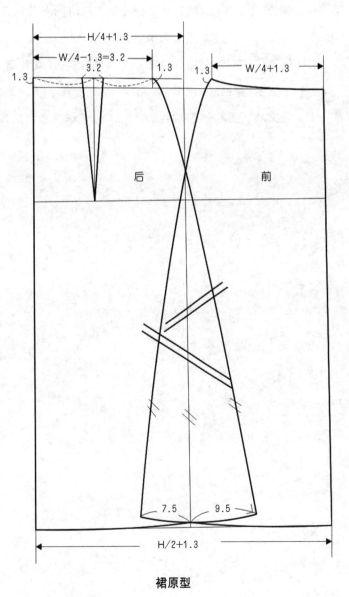

裙原型

参考文献

［1］ 张文斌. 服装工艺学 (结构设计分册) 第三版［M］. 北京：中国纺织出版社,2008

［2］ 刘瑞璞,刘维和. 女装纸样设计原理与技巧［M］. 北京：中国纺织出版社,2000

［3］ 上海服装行业协会. 初级服装制板［M］. 上海：东华大学出版社,2005

［4］ 许涛. 服装制作工艺——实训手册［M］. 北京：中国纺织出版社,2007

［5］ 上海服装行业协会. 初级服装工艺［M］. 上海：东华大学出版社,2005

［6］ 中屋典子,三吉满智子. 服装造型学技术篇1［M］. 北京：中国纺织出版社,2004

［7］ 魏静. 服装结构设计［M］. 北京：高等教育出版社,2000

［8］ 欧阳心力. 服装工艺学［M］. 北京：高等教育出版社,2000

［9］ 戴鸿. (第二版) 服装号型标准及其应用［M］. 北京：中国纺织出版社,2001

［10］ 鲍卫君,陈荣富. 服装裁剪实用手册［M］. 上海：东华大学出版社,2005

［11］ 杨新华,李丰. 工业化成衣结构原理与制板(女装篇)［M］. 北京：中国纺织出版社,2007

［12］ 朱秀丽,鲍卫君. 服装制作工艺(基础篇篇)［M］. 北京：中国纺织出版社,2009

［13］ 张文斌. 服装基础制版［M］. 上海：东华大学出版社,2008